Denis Mourlane

emotional LEADING

Die Kunst, sich
und andere richtig
zu führen

dtv

Ausführliche Informationen über
unsere Autoren und Bücher
www.dtv.de

Originalausgabe
© 2015 dtv Verlagsgesellschaft mbH & Co. KG, München
Umschlagkonzept: Balk & Brumshagen
Umschlaggestaltung: Katharina Netolitzky
Gesetzt aus der Scala
Satz: Bernd Schumacher
Druck und Bindung: Kösel, Krugzell
Gedruckt auf säurefreiem, chlorfrei gebleichtem Papier
Printed in Germany · ISBN 978-3-423-26093-0

pour
Lou et Moe

Inhalt

I

Vorwort: Ein Sommerabend am Bodensee

Im August 2005 saß ich mit meinem ehemaligen Kollegen, Dr. Daniel Nischk, im Garten seines Hauses am Bodensee. Es war ein wunderschöner Sommerabend. Wir lachten viel und unterhielten uns angeregt bei dem einen oder anderen kühlen Bier.

Daniel und ich waren seit unserer ersten Begegnung von Kollegen zu echten Freunden geworden. Kennengelernt hatten wir uns 1997, als wir beide als Therapeuten für die Christoph-Dornier-Stiftung für Klinische Psychologie in Münster arbeiteten. Wir hatten zu der Zeit gerade unser Psychologiestudium abgeschlossen, uns durch ein anspruchsvolles Bewerbungsverfahren mit Professoren der Universitäten Marburg, Münster und Oxford gekämpft und schließlich die Zusage für ein Stipendium der Dornier-Stiftung erhalten. Nach drei Jahren fing ich dann an, als Wirtschaftspsychologe tätig zu werden, während Daniel der Klinischen Psychologie treu blieb und mittlerweile als Leitender Psychologe in einer Klinik am Bodensee arbeitete.

Voller Stolz und Tatendrang hatten wir unsere Arbeit in der Christoph-Dornier-Stiftung aufgenommen, die damals wie heute zu den renommiertesten Therapieeinrichtungen Deutschlands gehört. Sie ist auf die Behandlung von Patienten mit schweren Angststörungen spezialisiert und bietet ein außergewöhnliches und sehr effektives Therapieprogramm an.

Menschen mit *sozialer Phobie* vermeiden soziale Situationen. Sie verspüren eine intensive Angst, dass sie sich z. B. durch einen Versprecher, ein Erröten oder eine zittrige Hand blamieren könnten und ziehen sich immer mehr zurück. Dies kann so weit gehen, dass sie sich selbst im engsten Familienkreis nicht mehr trauen, beispielsweise beim gemeinsamen Essen, etwas zu sagen.

Bei *spezifischen Phobien*, wie z. B. einer Flugangst oder einer Spinnenphobie, ist es den Patienten häufig nicht mehr möglich, ihrem Beruf nachzugehen. »Flugängstliche« können keine Geschäftsreisen mehr unternehmen. Ein Kirchenorgelspieler, den eine Kollegin von mir behandelte, konnte sich aufgrund einer Spinnenphobie seinem Instrument nicht mehr nähern. Hinter der Orgel lebten Dutzende von Kreuzspinnen und hatten dort ihre Netze gesponnen. Sie taten ihm zwar nichts, aber alleine der Gedanke daran versetzte ihn in schiere Panik.

Wir behandelten vor allem Menschen, die an einem *Paniksyndrom mit Agoraphobie* erkrankt waren. Diese häufig sehr schwere, aber gut zu therapierende psychische Erkrankung zwingt die Betroffenen, ihren Lebensraum immer weiter einzuschränken. Meist beginnen sie aufgrund einer einmal erlebten Panikattacke, alle Orte zu meiden, an denen sie keine Hilfe erreichen kann bzw. von wo sie, im Falle einer Panikattacke, nicht fliehen können. Wenn Sie darüber nachdenken, werden Sie schnell merken, dass es zahlreiche Situationen und Orte sind, auf die diese Kriterien zutreffen.

Das als Konfrontationstherapie bezeichnete Therapieprogramm, welches wir mit diesen Menschen durchführten, bestand darin, die Patienten zwei Wochen lang bis zu zehn Stunden am Tag mit ihren Ängsten zu konfrontieren. Daniel und ich begleiteten unter strenger Supervision und einem klar strukturierten Therapieprozess folgend, jeweils einen Patienten.

Wir besorgten Vogelspinnen für Menschen mit Spinnenphobien, um ihnen diese so lange auf die Hand zu setzen, bis sie keine Angst mehr davor hatten. Wir organisierten Vorträge in Schulen, an Universitäten oder in Altersheimen für Menschen mit Redeangst bzw. einer sozialen Phobie, bis diese in solchen Situationen relativ entspannt waren. Und wir reisten im Zug, im Auto, auf Schiffen, in Flugzeugen kreuz und quer durch Europa, durch Tunnels, über Autobahnen, absichtlich mitten in Staus und Vollsperrungen hinein, bestiegen Türme, fuhren stundenlang Aufzug und gingen in Fußballstadien und zu sonstigen Großveranstaltungen, um Menschen, die an einem Paniksyndrom mit Agoraphobie erkrankt waren, ihre Ängste so weit wie möglich zu nehmen.

Dieses Therapieprogramm ist natürlich mit Abstand das härteste, was sich ein Patient »antun« kann. Es ist aber auch außerordentlich wirksam, denn 80 Prozent der Personen, die es durchlaufen, sind danach dauerhaft frei von Beschwerden. Dies stellt bei Psychotherapien eine sehr hohe Erfolgsquote dar.

Auch für den Therapeuten ist dieses Programm nicht immer einfach, denn man erlebt permanent Menschen voller Angst, die man behutsam und immer wieder von Neuem überzeugt, in der Situation zu bleiben, die gerade Panik bei ihnen auslöst. So lange, bis der sogenannte *Habituationseffekt* eingetreten ist. Dieser natürliche und sehr hilfreiche physiologische Effekt führt dazu, dass der Körper die Angstreaktion irgendwann abstellt. Weil er ganz einfach nicht mehr kann und sich zudem an die Situation gewöhnt hat. Der Patient erlebt sich dann vollkommen angstfrei in einer Situation, vor der er zuvor manchmal richtige Todesangst hatte. Es gibt bei der Arbeit mit Menschen keinen schöneren Lohn, als in das glückliche und stolze Gesicht eines Patienten zu schauen, der beispielsweise jahrelang sein Haus kaum noch verlassen konnte und sich nach nur zwei Wochen Therapie bereit fühlt, alleine mit dem Flugzeug nach Paris zu fliegen und dort auf den Eiffelturm zu steigen. Aber 80 Prozent Erfolgsquote bedeutet eben auch, dass die Therapie bei einer von fünf Personen nur teilweise oder gar nicht anschlägt. Dies ist vor allem für den Patienten, aber auch für den Therapeuten enttäuschend, und man muss als junger Psychologe lernen, damit umzugehen.

Daniel und ich unterhielten uns an diesem Abend über genau diese 20 Prozent, bei denen die Therapie keinen durchschlagenden Effekt gehabt hatte. Bis heute bin ich der Meinung, dass wir uns im Nachgang solcher Therapien zu wenig mit den Ursachen für den Misserfolg beschäftigen. Liegt nicht gerade darin ein riesiges Potenzial an Erkenntnissen, wie man das Therapieverfahren noch weiter verbessern kann?

Ich erzählte Daniel von einer Therapie, die mich besonders bewegt hatte. Es handelte sich um eine 35-jährige Frau, die panische Angst vor dem Alleinsein hatte. Ihren wohlhabenden und gebildeten Partner hatte sie bei der Arbeit kennengelernt, sie war seine Sekretärin gewesen. Einige Zeit nachdem die beiden zusammengezogen waren, bemerkte sie, dass es ihr immer schwerer fiel, alleine zu Hause oder in seinem Ferienhaus zu bleiben. Bald schon konnte sie auch nicht mehr alleine im Wald spazieren oder joggen gehen, was sie früher sehr gerne getan hatte. Warum ihr das schwerfiel, wusste sie nicht. Es handelte sich um das, was wir Psychologen als *Angst vor der Angst* bezeichnen: »Hoffentlich bekomme ich in dieser Situation nicht wieder Angst.« Als dies ein solches Ausmaß annahm, dass sie kaum noch die zwanzig Meter vom Parkplatz bis zum Haus ohne Panik alleine zurücklegen konnte, entschied sie sich, die Christoph-Dornier-Stiftung zu kontaktieren.

Ich war in üblicher Weise vorgegangen. Erstgespräch zum Kennenlernen und Erfassen der Problemstellung. Sechsstündige ausführliche Diagnostik. Einstündige kognitive, also gedankliche Vorbereitung auf das anstehende Therapieprogramm, mit detaillierter Schilderung, was zwei Wochen lang auf sie zukommen würde. Einwöchige Bedenkzeit, um zu- oder abzusagen.

Die Patientin hatte sich hochmotiviert für die Therapie entschieden. Wir starteten damit, all die oben beschriebenen Situationen aufzusuchen. Allerdings ohne durchschlagenden Effekt. Die Symptomatik besserte sich zwar ein wenig, aber nicht in dem Maße, das ich von anderen Therapien kannte. Nach der ersten Woche ließen wir die gemeinsame Arbeit noch einmal Revue passieren. Sie war sichtlich enttäuscht über die minimalen Fortschritte und gab sich selbst die Schuld. Wir entschieden uns, am folgenden Montag erst einmal mit einem ausführlichen Gespräch zu beginnen.

In diesem berichtete mir die Patientin, dass ihr in den vergangenen Tagen immer wieder ein Erlebnis beim Skifahren in den Sinn gekommen sei. Obwohl ihr Freund wusste, dass sie sich vor schweren Abfahrten fürchtete und sie ihn eindringlich darum gebeten hatte, schwarze Pisten zu meiden, führte er sie auf so einen Skihang. Da keine Möglichkeit bestand, wieder mit einem Lift ins Tal zu gelangen, musste sie abfahren, was ihr nur mit allergrößter Anstrengung und unter starken Angstgefühlen gelang. Sie fühlte sich nicht respektiert und richtiggehend erniedrigt. Diese Situation war für sie das beste Beispiel, wie die Beziehung zu ihrem Freund insgesamt lief. Er nahm sie, so empfand sie es, nicht ernst, lud sie nur selten ein, ihn auf Veranstaltungen zu begleiten, verheimlichte ihre Beziehung. Er schien sich dafür zu schämen, dass er »nur« mit einer »kleinen, ungebildeten Sekretärin« zusammen war.

Ich war schockiert über das Verhalten des Freundes und gab ihr auch eine entsprechende Rückmeldung. Wir reflektierten gemeinsam, ob ihre Angstsymptomatik mit diesem Erlebnis zusammenhängen könne, und es fiel ihr wie Schuppen von den Augen. Sie erkannte, dass ihre Angst nichts anderes als ein Ausdruck ihres verletzten Selbstwerts war. »Schau, ich habe Angst. Ich brauche dich, deine Zuwendung und deine Anerkennung. Hilf mir. Steh zu mir. Lass mich nicht alleine in unserem Haus«, versuchte sie ihrem Freund durch ihre Angstsymptomatik zu sagen.

Die Patientin entschied sich, umgehend mit ihrem Partner zu reden und ihm zu zeigen, wie sehr sie dieses Verhalten verletzte. Sie war auch entschlossen, ihm ein Ultimatum zu stellen. Entweder er stehe zu ihr und respektiere sie oder sie würde die Beziehung beenden.

Als wir uns zwei Tage später wiedersahen, war die Frau wie ausgewechselt. Sie hatte ihr Vorhaben in die Tat umgesetzt. Ihr Freund hatte mit großer Betroffenheit reagiert und ihr gestanden, dass er sich tatsächlich manchmal für sie und ihre Herkunft schämte. Er hatte jedoch eingesehen, dass dieses Verhalten nur etwas mit ihm und nichts mit ihr zu tun hatte, und ihr versichert, wie sehr er sie liebte. Die beiden hatten vereinbart, dass er sie nun allen Freunden vorstellen und versuchen würde, die zuvor gezeigten verletzenden Verhaltensweisen zu unterlassen. Wie Sie sich vielleicht bereits denken, verschwanden ihre Ängste danach sehr schnell.

Vor der Therapie hatte sie den Zusammenhang zwischen ihrem verletzten Selbstwert und der Angstsymptomatik nicht erkannt, also konnte sie sich dazu auch nicht verbal äußern. Ihre Emotionen aber zeigten, dass eines ihrer psychologischen Grundbedürfnisse, das Bedürfnis nach Selbstwertschutz und Selbstwerterhöhung, zutiefst verletzt worden war.

Nicht die Konfrontation mit den Ängsten, sondern die Entdeckung, dass ihre Emotion, die Angst, »nur« ein Symptom war, war der entscheidende Schlüssel zum Erfolg der Therapie. Ich hätte die Patientin wahrscheinlich monatelang mit ihren Ängsten konfrontieren können, und es hätte sie letztendlich nicht viel weitergebracht.

Nachdem ich Daniel dies alles geschildert hatte, fragte ich ihn, ob er vergleichbare Fälle kennen würde und vor allem, ob er mir diesbezüglich Literatur empfehlen könne.

Das Werk, das er mir dann nannte, sollte zum Grundstein dieses Buches werden und es beeinflusst meine Arbeit als Wirtschaftspsychologe bis heute maßgeblich. Es handelt sich um das kurz zuvor erschienene Buch ›Neuropsychotherapie‹ von Prof. Dr. Klaus Grawe.

Das aus meiner Sicht Bemerkenswerteste an diesem Buch ist, wie er die psychologischen Grundbedürfnisse herausarbeitet und ihnen ein solides neurobiologisches Fundament gibt. Diese fünf Grundbedürfnisse sind der entscheidende Schlüssel zu einer gelungenen Selbst- und Mitarbeiterführung und zu dem, was ich Ihnen mit dem Begriff *Emotional Leading* in diesem Buch näherbringen möchte.

In einer Zeit, in der die Fälle von Berufsunfähigkeit und die Fehltage aufgrund psychologischer Erkrankungen unaufhaltsam ansteigen, ist jeder Einzelne gefordert, aber auch jedes Unternehmen und deren Führungskräfte. Auch wenn man das Ende eigentlich nicht am Anfang erzählen soll: Grawe schreibt als allerletzten Satz in seinem Buch ›Neuropsychotherapie‹ Folgendes:

»Die beste Art, das Gehirn gesünder zu machen, ist eine bessere Bedürfnisbefriedigung.«

Dem kann ich nur beipflichten und möchte noch ergänzen, dass es ganz im Sinne des Satzes »Ein gesunder Geist steckt in einem gesunden Körper« nicht immer nur darum gehen sollte, einen Menschen wieder gesund zu machen, sondern vor allem, ihn gesund zu erhalten. Dafür ist sowohl in der Kindheit als auch im Erwachsenenalter eine gute Bedürfnisbefriedigung durch uns selbst und durch unser Umfeld von entscheidender Bedeutung.

Einleitung: Komplexität reduzieren

Vor ein paar Monaten schob ich an einem Samstag, dem Tag, an dem ich mich um unseren kleinen Sohn kümmere und meine Frau etwas Zeit für sich hat, den Kinderwagen die belebte Berger Straße in Frankfurt hinauf. Dabei ist allergrößte Achtsamkeit gefragt, ansonsten ist der Schnuller, der eben noch da war, plötzlich unauffindbar und der kleine Lou nicht mehr zu beruhigen. Oder der Kinderwagen ist mit einer anderen Person kollidiert.

Obwohl ich dies sehr genau wusste, richtete sich meine Aufmerksamkeit auf die Werbung einer Lotterie, die vor einem der typischen Frankfurter Kioske hing. Auf dem Plakat war ein junger Mann im Anzug zu sehen, der sehnsüchtig auf die Skyline von New York schaute. Darauf stand in großer Schrift: »Mein eigenes Penthouse in Manhattan ...«. Ich nahm dieses Plakat eher unbewusst wahr und fing plötzlich an, über seine Botschaft nachzudenken. »So was kann ich mir wahrscheinlich nie leisten. Da müsste ich tatsächlich anfangen Lotto zu spielen«, »Wie hart muss man eigentlich arbeiten, damit man so etwas finanzieren kann?«, »Gibt es nicht vielleicht doch eine Chance, so viel Geld zu verdienen, irgendeine clevere Geschäftsidee?«, »Strenge ich mich genügend an?« All diese Gedanken zogen wie der Nachrichtenticker von n24 vor meinem inneren Auge vorbei. Plötzlich schrie ich innerlich: »Stopp!« Ich hielt inne. Überlegte ich mir wirklich gerade ernsthaft, wie es wäre, einmal ein Penthouse in New York zu besitzen? Und das, obwohl ich noch nie den Wunsch verspürt hatte, in New York zu leben, geschweige denn eine Wohnung dort zu haben?

Ich bin nicht so vermessen zu glauben, dass alle Menschen beim Anblick eines solchen Plakates dieselben Gedanken haben wie ich. Aufgrund der vielen Gespräche, die ich führe, weiß ich aber, dass zahlreiche Menschen auf dieser Welt durchaus ganz ähnlich auf eine solche Werbebotschaft reagieren. Sonst wäre das Werbeplakat ja auch nicht so gestaltet worden. Mal werden uns unsere Gedanken, und auch deren Absurdität, bewusst, häufig jedoch nicht. Und so werden die Botschaften, die wir rechts und links unbemerkt aufnehmen, zu unbewussten Antreibern und damit zur Motivation für unser Handeln. Egal, ob uns dies nun glücklich oder unglücklich macht. Man gehört dann zu denen, die sich dies und das nicht leisten können, also muss man sich mehr anstrengen, darf weniger Spaß haben, kann weniger Zeit mit seiner Familie verbringen. Dann wird es schon klappen. Man hat das Ziel, von dem man gar nicht weiß, ob es das eigene ist und ob es einen glücklich machen wird, einfach übernommen.

Ja, wir leben in einer komplexen Welt. Diese Komplexität entsteht im privaten Bereich durch die vielen Informationen, mit denen wir tagtäglich bombardiert werden oder mit denen wir uns selbst bombardieren. Und sie erwächst aus den vielen Entscheidungsmöglichkeiten, die uns geboten werden oder die wir uns selbst schaffen. Im beruflichen Bereich entsteht sie, gerade für Führungskräfte, durch die Globalisierung, durch sich ständig ändernde Systeme, Matrix-Organisationen, Veränderungsprozesse, durch die Unternehmen permanent gehen, und durch die Vielzahl von Menschen, auch anderer Kulturen, mit denen wir tagtäglich zu tun haben. Seien es nun Kollegen, Mitarbeiter, Vorgesetzte oder Kunden.

Um dieser Komplexität Herr zu werden, wenn man es denn will, gibt es aus meiner Sicht nur eine Lösung: Wir benötigen einfache Modelle, die uns helfen, Ordnung in den ganzen Wust von Informationen zu bringen. Man kann Komplexität nicht mit Komplexität, sondern nur mit Einfachheit begegnen. Sie können sich das anhand der Startseite von Google verdeutlichen. Ich kenne keine einfachere Einstiegsseite im Internet. Dahinter befindet sich aber mit dem World Wide Web und den vielen dazugehörigen Algorithmen von Google eine der komplexesten »Welten«, die wir derzeit auf unserem Planeten haben. Diese Komplexität kann man erahnen, wenn man einen Suchbegriff eingibt, auf »Enter« drückt und blitzschnell Hunderttausende Ergebnisse präsentiert bekommt. Die meisten Menschen bleiben auf der ersten, vielleicht noch zweiten Seite der Suchergebnisse hängen und reduzieren damit selbst die Komplexität, indem sie ihre Auswahl auf zehn, zwanzig Ergebnisse beschränken. Und das, obwohl sie vielleicht eine Million Treffer erzielt haben. Sie vereinfachen.

Entsprechend soll auch dieses Buch eine Art Startseite für die zwei wichtigen Themen Selbst- und Mitarbeiterführung sein. Es geht nicht darum, eine weitere Checkliste darüber aufzustellen, was Sie tun sollten, um sich selbst und andere gut zu führen. Sondern vielmehr um ein Verständnis dafür, warum viele durchaus richtige und an anderer Stelle bereits beschriebene Führungsprinzipien überhaupt funktionieren.

Das wissenschaftliche Fundament dieses Buches sind die im Vorwort erwähnten fünf psychologischen Grundbedürfnisse. Sie sind Ihr Einstieg in die komplexe Welt der Selbst- und Mitarbeiterführung, sie ermöglichen Ihnen sowohl, tief in die Materie einzudringen, gleichzeitig aber auch, immer wieder zu vereinfachen, zum Wesentlichen zurückzukehren. Und dies hat einen simplen Grund.

Wenn Ihnen Ihr eigenes Wohlergehen und das Ihrer Mitarbeiter am Herzen liegt, müssen Sie wissen, was wir Menschen wirklich brauchen, um uns glücklich und zufrieden zu fühlen.

Sie können natürlich nach dem Prinzip von Versuch und Irrtum vorgehen und schauen, was funktioniert und was nicht. Aber wäre es nicht sinnvoller, die grundlegenden Prinzipien dahinter zu verstehen, damit Sie zielgerichteter agieren können? Entsprechend wird es in diesem Buch weniger darum gehen, was wir *wollen* (z. B. ein Penthouse in New York), sondern in einem ersten Schritt vielmehr darum, was wir *brauchen*, um ein glückliches Leben zu führen. Wer das verstanden hat, kann viel besser darüber entscheiden, was er sonst noch so vom Leben will. Deshalb möchte ich Sie dazu einladen, sich in Richtung eines *Emotional Leader* zu entwickeln. Doch was ist genau damit gemeint?

Der Begriff »Emotional Leader« oder »Emotionaler Leader« ist in Deutschland durch den Mannschaftssport, insbesondere den Fußball, bekannt geworden. Spieler wie Stefan Effenberg oder Sebastian Schweinsteiger werden so bezeichnet. Es gibt aus meiner Sicht drei Gründe dafür. Erstens tragen sie ihre Emotionen offen nach außen. Anders als beispielsweise ein Philipp Lahm, der zwar Mannschaftskapitän seines Vereins ist und es in der Nationalmannschaft war, aber niemals der emotionale Anführer wurde, weil es einfach nicht seine Art ist, seine Emotionen offen zu zeigen. Er wirkt immer beherrscht und damit auch häufig glatt und wenig authentisch. Zweitens sind emotionale Leader auch in sehr schwierigen Situationen, bei Rückschlägen etwa, in der Lage, ihre Frustrationen und Ängste zu überwinden und in positive Emotionen umzuwandeln. Genauer habe ich das in meinem Buch ›Resilienz‹ beschrieben. Und schließlich sind sie durch diese Externalisierung, also Zurschaustellung, und Steuerung ihrer Emotionen in der Lage, das Team mitzureißen. Sie sind ein Vorbild für die Mannschaft. Bricht ein solcher emotionaler Leader ein, tut dies in der Regel auch der Rest der Mannschaft. Wenn selbst der emotionale Leader es nicht mehr schafft, sich zu motivieren, dann muss wirklich alle Hoffnung verloren sein.

Genau aus diesem Grund (und noch ein paar Gründen mehr) verfolgt dieses Buch *nicht* das Ziel, Sie zu einem Klon von Sebastian Schweinsteiger oder eines vergleichbaren Menschen aus der Wirtschaft zu machen. Menschen mit dieser Fähigkeit sind eher selten und es gibt bei solch charismatischen Figuren das Risiko, dass sie zu sehr im Mittelpunkt der Aufmerksamkeit stehen. Sie können ein Team motivieren, aber auch demotivieren.

Emotional Leading hingegen zielt auf etwas anderes ab. Es geht um die Fähigkeit, seine eigenen Emotionen und die anderer Menschen bewusst wahrzunehmen, ihre Sprache zu verstehen und Emotionen danach zu beurteilen, ob ihre Stärke der Situation angemessen ist und sie uns, so wie es eigentlich sein sollte, gute oder doch eher schlechte Ratgeber sind. Außerdem geht es um die Fähigkeit, unsere eigenen Emotionen und die anderer Menschen beeinflussen zu können. Und das eben nicht, indem wir unsere Emotionen nach außen tragen und zu einem *charismatischen Anführer* werden. Sondern indem wir begreifen, was gerade in unserem Gegenüber vor sich geht.

Alles, was Sie tagtäglich tun, egal ob Sie sich oder andere führen oder meinetwegen auch (selbst-)führungslos durch die Welt marschieren, verfolgt nur ein Ziel: Sie möchten möglichst viele positive Emotionen und möglichst wenig negative erleben. Danach ist Ihr gesamtes Handeln ausgerichtet. Morgens nach dem Aufwachen horchen Sie, wahrscheinlich vollkommen unbewusst, in sich hinein und erkunden, wie es Ihnen geht. Sie werden Ihre Aufmerksamkeit ebenso auf Ihren Partner und Ihre Kinder richten. Sollten diese schlecht gelaunt sein, wird Sie das vielleicht selbst runterziehen. Oder Sie werden etwas tun, um die Emotionen Ihres Kindes, Ihres Partners positiv zu beeinflussen. Auch im Büro werden Sie darauf achten, ob Frau Peterson heute bessere Laune hat als gestern und, sollte dies der Fall sein, sich darüber freuen. Sie sehen: Alles dreht sich um Ihre eigenen und die Emotionen anderer Menschen. Deshalb ist es auch so wichtig, den Schlüssel zu diesen Gefühlen zu kennen, um ihn bewusst und gleichzeitig verantwortungsvoll einsetzen zu können.

Sie werden nach der Lektüre dieses Buches mit den psychologischen Grundbedürfnissen vertraut sein. Sie werden wissen, wie Emotionen entstehen, wie diese mit unseren Grundbedürfnissen zusammenhängen und was Ihnen Ihre Emotionen über eine bestimmte Situation, sich selbst und Ihre Mitmenschen sagen. Sie werden Methoden kennenlernen, wie Sie Ihre eigenen und die Emotionen Ihrer Mitmenschen steuern können, indem Sie gezielt die psychologischen Grundbedürfnisse dieser Menschen berücksichtigen. Sie bekommen ein Führungsmodell an die Hand, das auf einem soliden wissenschaftlichen Fundament basiert und das Sie einfach in Ihren Alltag integrieren können. Zusammengefasst soll das Buch vor allem eines bewirken: die Komplexität der Themen Selbst- und Mitarbeiterführung um einiges reduzieren und Ihnen wirkungsvolle Instrumente an die Hand geben, um sich und Ihre Mitarbeiter gut zu führen.

Das Buch ist bewusst populärwissenschaftlich geschrieben. Um den Lesefluss nicht zu unterbrechen, habe ich auf direkte Literaturverweise im Text verzichtet. Wer will, findet am Ende des Buches ein ausführliches Literaturverzeichnis.

Gewidmet habe ich dieses Buch meinem kleinen Sohn Lou, derzeit eineinhalb, und meiner zum Zeitpunkt der Niederschrift noch nicht geborenen Tochter Moe. Mehr noch: Ich schreibe es für die beiden. Vielleicht wird es ihnen ja später einmal ein Wegweiser durch eine dann sicherlich noch viel komplexere Welt als die heutige sein.

Sie als Leser sind von ganzem Herzen dazu eingeladen, Lou, Moe und mich auf dieser Reise zu begleiten.

Lassen Sie uns also beginnen.

1 Die fünf psychologischen Grundbedürfnisse des Menschen

Auf einer Bühne steht ein Mann. Er ist dick, sein Hemd spannt über seinem Bauch. Seine Zähne sind schief und er schielt. Ziemlich verängstigt schaut er in die Zuschauermenge und zu den drei Jurymitgliedern. Eines davon fragt ihn, warum er hier ist. Er sagt: »Ich möchte Opern singen.« Schnitt. Unterschiedliche Menschen werden eingeblendet. Junge Leute, ältere Leute. Ein Paar, das die Sendung zu Hause auf dem Bett im Fernsehen verfolgt. Ein junger Mann, der sie in der U-Bahn auf seinem Smartphone sieht. Alle haben etwas gemeinsam. Sie lachen sich schlapp über diesen töricht wirkenden Mann. Wieder ein Idiot, der sich bei einer Castingshow zum Affen macht. Hurra, wieder etwas, um sich zu amüsieren und sich gut zu fühlen. Denn die Menschen, die da lachen, machen sich selbst nicht zum Affen. Sie sind viel besser als er. Schnitt. Es ertönen die ersten Noten von »Nessun Dorma«, der Arie zu Beginn des 3. Aktes der Oper ›Turandot‹ von Giacomo Puccini. Der töricht dreinschauende Mann fängt an zu singen. Schnitt. Die Menschen, die man eben noch hat lachen sehen, sind verstummt und schauen gebannt auf ihre Geräte. Der Mann singt so wunderbar, dass selbst ein Laie, der noch nie eine Oper gehört hat, versteht, dass da gerade etwas ganz Besonderes geschieht. Da singt jemand, der sehr, sehr viel Talent hat. Schnitt. Der Mann wird wieder eingeblendet. Er meistert selbst die schwierigsten Passagen der Oper vollkommen fehlerfrei. Schnitt. Die Kamera zeigt die staunenden Gesichter der Jurymitglieder. Sie schauen mit offenem Mund auf diesen Mann. Die einzige Frau in der Jury bekommt feuchte Augen. Schnitt. Nun fangen auch zahlreiche Menschen, die den Mann gerade noch ausgelacht haben, an zu weinen. Nun vereint all diese Menschen nicht mehr der gemeinsame Hohn – sondern, dass sie gerade Teil eines außergewöhnlichen, eines außergewöhnlich schönen Momentes werden. Und es vereint sie die Tatsache, dass sie alle berührt sind. Starke Emotionen empfinden. Schnitt. Der Mann beendet die Arie und noch während der letzten Töne spendet das Publikum ihm tosenden Applaus. Standing Ovations. Die Frau in der Jury ist in Tränen ausgebrochen und alle Gesichter zeigen einen Ausdruck von tiefem Respekt und Demut gegenüber der Person und dem Moment, den sie gerade erlebt haben.

Sie haben es vielleicht schon erraten. Ich habe eben den Werbespot eines deutschen Telekommunikationsunternehmens beschrieben. Der Sänger, um den es geht, ist der Brite Paul Potts.

Ich zeige diesen Werbespot häufig bei Vorträgen und während Trainings. Damit verfolge ich zwei Ziele. Einerseits möchte ich im Raum Emotionen auslösen, darum geht es ja zentral in meiner Arbeit. Egal ob zehn oder dreihundert Personen an dem Vortrag teilnehmen, es ist so gut wie nie jemand dabei, der nicht auf diesen kurzen Film reagiert. Ich selbst, obwohl ich ihn sicherlich schon hundert Mal angeschaut habe, bekomme immer wieder aufs Neue Gänsehaut. Außerdem kann ich mit diesem Film in sehr einfacher Weise die Verbindung zwischen Emotionen und psychologischen Grundbedürfnissen verdeutlichen:

Wann immer Sie eine positive Emotion wie Freude, Glück oder Stolz empfinden, wurde oder wird gerade eines Ihrer psychologischen Grundbedürfnisse befriedigt. Umgekehrt ist es genauso. Verspüren Sie eine negative Emotion wie Ärger, Angst oder Traurigkeit, wurde oder wird eines Ihrer Grundbedürfnisse verletzt.

Es geht in diesem Buch nicht um die physiologischen, körperlichen Bedürfnisse des Menschen, wie die nach Nahrung, Trinken oder Schlaf, sondern darum, was Menschen auf psychologischer Ebene benötigen, um ein glückliches und zufriedenes Leben zu führen.

Es kommen dafür nur Bedürfnisse in Frage, die für alle Menschen weltweit gelten und deren Nichtbefriedigung, sei es nun durch ein einmaliges traumatisches Ereignis oder eine dauerhafte Verletzung, zu psychologischen Schäden und somit zu negativen emotionalen Zuständen führt. Bei Depressionen oder einer anhaltenden Angst, wie ich sie im Vorwort beschrieben habe, befinden sich die Betroffenen in einem andauernden negativen emotionalen Zustand und versuchen, negativ empfundene Gefühle durch ihr Verhalten möglichst abzuwenden, zu reduzieren. Wer panische Angst vor etwas hat, dem erscheint es attraktiver, zu Hause zu bleiben, um diesem »Etwas« zu entgehen, auch wenn er auf logischer Ebene weiß, dass dies keine dauerhafte Lösung sein kann.

Die wenigsten Menschen können auf Anhieb diese psychologischen Bedürfnisse, die alle Individuen in mehr oder weniger ausgeprägter Form gemeinsam haben, benennen. Allein diese Feststellung ist schon erstaunlich, bedenkt man, wie zentral sie für das Glück und Unglück von Menschen sind. Ich fordere jetzt nicht gleich ein neues Schulfach, aber den Grundbedürfnissen des Menschen sollten aus meiner Sicht doch mehrere Unterrichtsstunden gewidmet werden.

Nutzt man die sogenannte Schwarmintelligenz einer Gruppe von vielleicht zehn Personen (etwa bei Trainings und Workshops), bekommt man die fünf psychologischen Grundbedürfnisse relativ leicht zusammen. Vielleicht mögen Sie an dieser Stelle selbst einmal über folgende Frage nachdenken (und sich dazu einige Notizen machen):

Was benötige ich, um wirklich glücklich und zufrieden zu sein?

Wahrscheinlich haben Sie an den einen oder anderen der folgenden Punkte gedacht:

- Ich benötige Liebe und enge Kontakte zu anderen Menschen.
- Ich möchte Wertschätzung erfahren.
- Ich benötige Spaß und Freude in meinem Leben.
- Ich brauche ein Ziel, etwas, worauf ich mich ausrichten kann.
- Ich möchte, dass mein Leben einen Sinn ergibt, dass Dinge in sich stimmig sind.
- Ich benötige ein Gefühl der Sicherheit, der Kontrolle über mein Leben.
- Ich brauche meinen Glauben an Gott oder Spiritualität.

Diese Aspekte werden immer wieder genannt. Grawe hat genau diese Bedürfnisse, aber mit anderen Worten, auf der Basis wissenschaftlicher Studien herausgearbeitet, nämlich:

- Das Bedürfnis nach Bindung
- Das Bedürfnis nach Orientierung und Kontrolle
- Das Bedürfnis nach Lustgewinn und Unlustvermeidung
- Das Bedürfnis nach Selbstwerterhöhung und Selbstwertschutz und
- Das Bedürfnis nach Kohärenz, Stimmigkeit

Diese fünf Bedürfnisse sind zentral für das Verständnis von emotionaler Führung. Lassen Sie uns diese also etwas genauer betrachten.

Das Bedürfnis nach Bindung

Wir Menschen sind soziale Wesen, »Herdentiere«. Wir benötigen enge Kontakte zu anderen, zu unseren Freunden, unseren Familien, Partnern und Kindern. Es geht hier nicht um die Hunderte von Facebook-, Xing- oder LinkedIn-Kontakten. Sondern um die wenigen, wirklich engen Bezugspersonen, mit denen wir die schönen, aber auch die schweren Momente in unserem Leben teilen. Bei denen wir Schutz und Trost finden und die wiederum bei uns Schutz und Trost suchen, wenn ihnen das Leben einmal übel mitspielt.

Gibt man einem Säugling Nahrung, Schlaf und Schutz, also alles, was die physiologischen Grundbedürfnisse befriedigt, verweigert ihm aber gleichzeitig jegliche Zuwendung, indem man nicht mit ihm spricht, ihn nicht berührt und nicht tröstet, wenn er Angst oder Schmerzen hat, wird der Säugling schwerste Schäden davontragen. Diese äußern sich zum Beispiel in einem stark gestörten Sozialverhalten und der Unfähigkeit, als Erwachsener, insbesondere aufgrund mangelnder Empathie, selbst Kinder adäquat großzuziehen. Man bezeichnet das als *Deprivationssyndrom* oder psychische Deprivation, und in dem Namen steckt auch schon das Entscheidende: Das Kind bekommt etwas Essenzielles nicht, es erfährt eine Deprivation, also fehlende Zuwendung. Dieses Phänomen, das in unserer westlichen Welt zum Glück immer seltener beobachtet wird, findet sich vor allem bei Kindern, die in Heimen groß werden. Etwa in den rumänischen Unterbringungseinrichtungen, so muss man diese wohl nennen, zu Zeiten des Ceaușescu-Regimes. Damals erhielten die Kinder zwar Schutz, in Form eines Daches über dem Kopf, und so viel Nahrung, dass es einigermaßen zum Überleben reichte. Sie erfuhren aber keinerlei Zuwendung durch das Betreuungspersonal, was zu massiven Störungen bei den Kindern führte. Die Wissenschaft zeigt uns, dass dies auch nicht durch die Zuwendung Gleichaltriger kompensiert werden kann.

Das Bedürfnis nach Bindung ist von so großer Bedeutung, dass vergleichbare Phänomene auch bei Erwachsenen, zum Beispiel alten Menschen, die lieblos in Heimen gepflegt werden, beobachtet werden können. Auch ihnen fehlt es an persönlicher Zuwendung und an Körperkontakt.

Studien zeigen, dass bei der Mehrzahl der Erwachsenen mit einer psychischen Diagnose in der Kindheit Probleme im Bindungsverhalten vorlagen, die weiter bestehen. Entsprechend geben diese als Wunsch für eine Therapie nicht nur die Besserung ihrer primären Symptomatik an, sondern sie wünschen sich auch eine Besserung ihrer Probleme im zwischenmenschlichen Bereich.

Wer als Säugling und Kleinkind verlässliche und empathische Bezugspersonen hatte, die ihm Liebe und Unterstützung gegeben haben, die ihn (Vorsicht!) aber auch nicht überbehütet haben, hat schon einmal sehr gute Startbedingungen für ein glückliches Leben. Sein Bedürfnis nach Bindung wurde von Anfang an befriedigt und so wird er als Erwachsener wahrscheinlich Vertrauen in andere Menschen haben und tragfähige Bindungen aufbauen können. Man nennt das ein *sicheres Bindungsverhalten*. Wir wissen aus der Forschung, dass dies bei 60 Prozent der gesunden Menschen der Fall ist, während ein solches sicheres Bindungsverhalten nur bei 20 Prozent der Psychotherapiepatienten vorzufinden ist. Die Forscher Kim Bartholomew und Leonard M. Horowitz haben bezogen auf das Bindungsverhalten bei Erwachsenen vier unterschiedliche Typen identifiziert und vielleicht prüfen Sie schon jetzt einmal, zu welchem Bindungsstil Sie selbst am meisten tendieren. Wenn Sie sich unsicher sind, können Sie auch Ihren Partner oder andere Menschen, die Sie gut kennen, fragen, indem Sie ihnen die Beschreibungen vorlegen und um ihre Einschätzung bitten, welcher Stil Sie am ehesten beschreibt.

Typ 1: Sicherer Bindungsstil

Dieser Typ erlebt Nähe als angenehm und unterstützend. Menschen mit einem sicheren Bindungsstil erwarten, in belastenden Situationen Unterstützung zu bekommen, sie suchen sich aktiv Hilfe und haben wenig Sorge, nicht akzeptiert oder verlassen zu werden. Sie haben ein positives Selbstwertgefühl, andere Menschen sind ihnen zugewandt und sie werden von diesen akzeptiert.

Typ 2: Ängstlich-vermeidender Bindungsstil

Dieser Typ wünscht sich eigentlich möglichst enge Beziehungen. Gleichzeitig fühlt er sich bei Nähe aber auch immer wieder unwohl und es fällt ihm schwer, anderen zu vertrauen. Er hat Angst verlassen, enttäuscht und damit verletzt zu werden und möchte nicht abhängig sein. Aus diesem Grund vermeidet er schließlich zu enge Kontakte.

Typ 3: Abweisender Bindungsstil

Menschen dieses Typus streben nach Unabhängigkeit und nach Selbstgenügsamkeit. Auch sie vermeiden, wie der eben geschilderte Typ 2, enge Beziehungen, um nicht enttäuscht zu werden. Allerdings erfahren sie Nähe als eher negativ, während Menschen des Typs 2 eine Zeit lang durchaus Freude in engen Beziehungen erleben können. Menschen des Typs 3 vertrauen in schwierigen Situationen vor allem sich selbst und gehen lieber keine Beziehungen zu Menschen ein, von denen sie abhängig werden könnten.

Typ 4: Anklammernder Bindungsstil

Menschen dieses Typus möchten anderen sehr nahe sein und sie fühlen sich ohne enge Bezugsperson sehr unwohl. Sie bringen dieser viel Wertschätzung entgegen und haben Angst, dass diese Wertschätzung nicht erwidert wird. Es fällt ihnen schwer, sich selbst zu akzeptieren und zu mögen, und sie erreichen eine solche Selbstakzeptanz vor allem dadurch, dass sie von ihrer Bezugsperson Anerkennung erfahren. Passiert dies, geht es ihnen gut und sie erleben positive Emotionen. Und umgekehrt.

Nun, zu welchem Schluss sind Sie gekommen? Zu welchem Typ tendieren Sie am ehesten? Menschen, die zu Typ 1 gehören, haben in der Kindheit sehr wahrscheinlich eine oder mehrere Bezugspersonen gehabt, die ihr Bedürfnis nach Bindung adäquat befriedigt haben. Bei den anderen war dies mit sehr hoher Wahrscheinlichkeit nicht der Fall oder sie haben ein Trauma, wie es zum Beispiel eine Scheidung darstellen kann, erlebt, das dazu führt, dass es ihnen heute schwerfällt, anderen zu vertrauen, oder sie sich im Gegenteil übermäßig an ihre Bezugspersonen klammern.

Zum Typ 2, 3 oder 4 zu zählen, ist natürlich nicht gleichbedeutend mit einer psychischen Störung. Es bedeutet aber, dass diese Menschen enge Beziehungen immer wieder als problematisch erleben und diese auch immer wieder eine Quelle des Unglücks für sie sind. Nicht weil der oder die andere der/die Falsche wäre, sondern weil sie selbst in Bezug auf das Bindungsbedürfnis ein (ich nenne es mal so) verqueres Verhalten zeigen. Dieses (und hier nehme ich etwas vorweg, was ich später noch genauer beleuchten werde) drückt sich in einem extremen Annäherungs-, Vermeidungs- bzw. Annäherungs-Vermeidungsverhalten aus. Aufgrund von früheren Verletzungen des Bindungsbedürfnisses zeigt Typ 4 eine extreme Annäherung in Bezug auf das Bindungsbedürfnis. Typ 3 zeigt genau das Gegenteil und vermeidet eher Bindungen. Typ 2 nähert sich immer wieder an, um, einmal am Ziel, gleich wieder davonzulaufen, also zu vermeiden. Nur Typ 1 hält eine gesunde Balance. Eine Balance, die selbstverständlich in Bezug auf alle fünf Grundbedürfnisse hergestellt werden kann. Menschen des Typs 1 ist es wichtig, enge Bindungen zu haben, sie sind aber selbstbewusst, wenn ihnen diese Bindung einmal fehlt bzw. können auch mal mit sich allein sein, ohne gleich daran zu verzweifeln.

Auch wenn Grawe alle Grundbedürfnisse als wichtig erachtet, stellt er das Bedürfnis nach Bindung doch heraus, indem er einen in der Kindheit bereits bestehenden unsicheren Bindungsstil als den »größten Risikofaktor für die Ausbildung einer psychischen Störung« bezeichnet. Sicher gebundene Kinder haben ein besseres Selbstvertrauen und Selbstwertgefühl, eine höhere Selbstwirksamkeitserwartung, eine höhere Resilienz bei Belastungen und ein besseres zwischenmenschliches Beziehungsverhalten, was sich natürlich häufig auch positiv auf ihre Entwicklung und somit ihr Leben als Erwachsene auswirkt.

Das Bedürfnis nach Orientierung und Kontrolle

Vielleicht kennen Sie diese zwei Situationen: Sie stehen in einem Raum, den Sie gerade betreten haben, wissen, dass Sie dort etwas holen wollen, können sich aber partout nicht daran erinnern, was es eigentlich war. Oder Sie sind mitten in einer Erzählung, wussten eben noch genau, was Sie sagen wollten, und plötzlich überkommt Sie dieses mulmige Gefühl, vergessen zu haben, was Sie eigentlich mitteilen wollten, und dies auch gleich zugeben zu müssen.

Die Mehrzahl der Menschen hat schon einmal die eine und/oder die andere Situation erlebt. Sie sind mit wahrlich unschönen Gefühlen verbunden und vielleicht fühlt es sich so ähnlich an, wenn man an Alzheimer erkrankt. Man verliert in solchen Momenten die Orientierung und auch die Kontrolle über sich und die Situation. Menschen möchten Orientierung haben und Kontrolle über sich und ihr Leben ausüben. Bei einer Naturkatastrophe, einer Vergewaltigung, einer Entführung, bei einer

Kündigung, aber auch »kleinen« Ereignissen, wie den eben beschriebenen, wird genau dieses menschliche Bedürfnis verletzt und es kommt zu den seelischen Schmerzen, die wir dann empfinden.

Ebenso wie das Bedürfnis nach Bindung ist das Bedürfnis nach Orientierung und Kontrolle eines der ursprünglichsten, beide sind zudem sehr eng miteinander verknüpft. Der Säugling ist in den ersten Monaten seines Lebens voll und ganz auf seine Bezugspersonen angewiesen. Seine einzige Möglichkeit, um zu überleben, ist, sich bei Hunger, Durst, Schmerzen oder dem Wunsch nach Zuwendung durch Schreien und Weinen bemerkbar zu machen und zu hoffen, dass seine Bezugsperson dies mitbekommt und richtig deutet. Mit diesem Verhalten macht der Säugling im Idealfall von Anfang an die Erfahrung, dass er Kontrolle über eine Situation hat. Es mag sich paradox anhören, aber obwohl der Säugling vollkommen hilflos ist, übt er doch enorm viel Kontrolle und Macht über sein Umfeld aus. Menschen, die zum ersten Mal Eltern werden, erleben diese große Veränderung in ihrem Leben dann auch als sehr starke »Fremdbestimmung«. Der eigentlich hilflose Säugling hat deutlich mehr Kontrolle über sie, als man es von einem so kleinen Wesen erwarten würde. Insbesondere dann, wenn die Bezugspersonen diese Rolle auch ernsthaft wahrnehmen.

Der Säugling merkt, dass es ihm nicht gut geht, meldet sich, es passiert etwas und danach geht es ihm besser. Der Säugling macht die Erfahrung der *Selbstwirksamkeit*, aus der sich mit der Zeit die *Selbstwirksamkeitserwartung* entwickelt. Man lernt im Idealfall schon sehr früh, dass man durch sein eigenes Handeln eine als negativ empfundene Situation in eine neutrale bis positive verwandeln kann. Dies »merkt« sich auch unser Gehirn und es werden entsprechende neuronale Verknüpfungen gebahnt (gebahnt meint, dass sich im Gehirn Schaltkreise gebildet haben, die immer wieder aktiviert werden, wenn man in eine vergleichbare Situation gerät). Reagieren die Bezugspersonen allerdings in einer wenig einfühlsamen, ungeschickten und unzuverlässigen Art und Weise auf die Bedürfnisse des Kindes, wird es diese Erfahrung nicht oder seltener machen. Sein Bedürfnis, eine bestimmte Situation kontrollieren zu können, wird entsprechend in Mitleidenschaft gezogen. Ebenso sein Bedürfnis nach Orientierung, nach Vorhersagbarkeit dessen, was passieren wird. Es wird, ganz im Sinne von »Ich kann machen, was ich will, es ändert sich doch nichts an meiner Situation«, wahrscheinlich nur eine schwache Selbstwirksamkeitserwartung entwickeln.

Verletzungen des Bedürfnisses nach Orientierung und Kontrolle können, wie bei allen hier beschriebenen Bedürfnissen, während des gesamten Lebens auftreten. So handelt es sich bei dem plötzlichen Todesfall einer nahestehenden Person oder einer Vergewaltigung um Ereignisse, bei denen Menschen vor allem eine Verletzung ihres Bedürfnisses nach Orientierung und Kontrolle über etwas sehr Wichtiges erleben: über sich selbst und ihr Leben. Haben diese erwachsenen Menschen die Erfahrung gemacht, dass sie sich, ganz wie Münchhausen, am eigenen Schopf aus dem Sumpf ziehen können, steigt die Wahrscheinlichkeit, dass sie die Situation bewältigen können. Fehlt ihnen diese Erfahrung, bleibt das empfundene Stressniveau hoch.

In der Stressforschung wird dieses Phänomen als erste und zweite Einschätzung der Situation (first and secondary appraisal) bezeichnet. Eine Situation verlorener Kontrolle und Orientierung wird erst einmal als Stress erlebt. Ein »Münchhausen« wird in einer zweiten Bewertung diese aber als bewältigbar einstufen. Der empfundene Stress wird sinken. Eine andere Person wird zu einer gegenteiligen Einschätzung kommen und der empfundene Stress wird bestehen bleiben, gegebenenfalls sogar steigen. Der weltweit bekannte Psychologieprofessor Martin Seligman hat dieses Phänomen auch als *erlernte Hilflosigkeit* bezeichnet, und es konnte in zahlreichen Tierexperimenten wieder und wieder bestätigt werden. Ratten, die die Erfahrung machten, an ihrer misslichen Lage (in den Experimenten waren es in der Regel leichte Stromstöße) nichts ändern zu können, verhielten sich bei einem späteren Experiment, bei dem sie die Stromstöße durchaus hätten beenden können, nicht anders. Sie blieben passiv und ließen die Stromstöße über sich ergehen. Ein vergleichbares Phänomen kann man bei Menschen beobachten, denen die Erfahrung fehlt, ihre Situation verändern zu können. Sie befinden sich häufig in einem Zustand der Depression. Sie sind gefangen in einer Opferrolle und nehmen auch die offensichtlichste Möglichkeit, ihr Wohlergehen zu verbessern, nicht wahr.

Das Bedürfnis nach Lustgewinn und Unlustvermeidung

Dieses Bedürfnis ist zweifelsohne das offensichtlichste von allen. Mögen einige Menschen auch daran zweifeln, dass man enge Bindungen oder Kontrolle und Orientierung im Leben benötigt: Man wird kaum jemanden finden, der daran zweifelt, dass es schön ist, Spaß und Freude zu erleben, und dass Menschen versuchen, Unlust, wie sie zum Beispiel bei Langeweile oder bei einem Zahnarztbesuch entsteht, nach Möglichkeit zu vermeiden.

Doch Achtung, es gilt hier ein Missverständnis auszuräumen: Positive Gefühle sind zwar sehr angenehm, aber sie erfüllen, außer bezogen auf das Bedürfnis nach Lustgewinn, keinen Selbstzweck. Wenngleich es schön ist, Glück, Liebe oder Stolz zu empfinden, und wir diese Gefühle auch benötigen, ist es nicht der eigentliche Grund unseres Handelns bzw. sollte er es nicht sein. Zentral ist vielmehr, unsere Grundbedürfnisse zu befriedigen bzw. diese zu schützen. Tun wir dies in einer akkuraten, also weder über- noch untertriebenen Art und Weise, werden wir mit positiven Gefühlen belohnt, tun wir es nicht oder verletzt eine externe Quelle unsere Bedürfnisse, wird uns das durch negative Gefühle signalisiert.

Man kann sich das an zwei unserer physiologischen Grundbedürfnisse verdeutlichen: der Notwendigkeit zu essen und der Notwendigkeit zu trinken. Benötigt der Körper Nahrung, signalisiert er dies mit einem Hungergefühl. Benötigt er Flüssigkeit, reagiert er mit einem Durstgefühl. Beides wird in der Regel als unangenehm empfunden, und da der Mensch ein grundlegendes Bedürfnis nach Unlustvermeidung hat, wird er versuchen, den Zustand möglichst schnell zu beenden.

Das Entscheidende ist, dass Sie nun in erster Linie nicht deshalb essen, um dieses negative Hungergefühl zu beenden bzw. nicht deshalb trinken, um das Durstgefühl zu beenden. Sie werden vielmehr deshalb essen und trinken, weil Sie sonst nach einer bestimmten Zeit sterben würden. Sie essen auch nicht, weil Sie ein Sättigungsgefühl anstreben. Sie essen, weil Sie dies zum Leben benötigen. Die Sattheit signalisiert Ihnen lediglich, dass Sie gerade das Richtige getan haben und nun wieder damit aufhören können.

Ebenso verhält es sich mit unseren psychologischen Grundbedürfnissen. Die Evolution hat uns diese außergewöhnlich fein aufeinander abgestimmten fünf Bedürfnisse nicht deshalb »geschenkt«, damit wir möglichst viele schöne Emotionen empfinden. Sie hat sie uns mitgegeben, weil wir mit ihnen den Fortbestand unserer Spezies sichern. Es gibt keinen anderen Grund dafür. Unsere Vorfahren, die ein Bedürfnis nach Bindung, nach Orientierung und Kontrolle, nach Selbstwerterhöhung, nach Lustgewinn und nach Kohärenz hatten, haben einfach häufiger überlebt als solche, die diese Bedürfnisse nicht hatten. Die Emotionen, die wir im Zusammenhang mit der Bedürfnisbefriedigung und der Bedürfnisverletzung empfinden, sind, ebenso wie Hunger, Durst oder Sattheit, nichts anderes als Zeichen, dass wir aktiv werden müssen oder eben nicht. Wer Stolz empfindet, muss nichts an seiner Situation ändern, wer Angst hat, hingegen schon.

Wer das Empfinden von Lust und das Vermeiden von Unlustgefühlen zur Lebensmaxime erhebt, ist häufig anfällig für Drogen und versucht, Frustration um jeden Preis zu vermeiden. Das sorgt zwar für ein schönes Gefühl, ist kurz-, vielleicht auch mittelfristig angenehm, führt aber langfristig in eine Sackgasse.

Ja, wir sollten danach streben, viel Glück und positive Emotionen zu erleben, aber vor allem, indem wir unsere Grundbedürfnisse in einer ausgewogenen Weise ernst nehmen und nicht, indem wir uns nur darauf fokussieren, möglichst viel Lust zu empfinden.

Lust und positive Emotionen dienen keinem Selbstzweck, sondern sollten das Ergebnis einer akkuraten Befriedigung unserer fünf psychologischen Grundbedürfnisse sein.

Das Bedürfnis nach Selbstwerterhöhung und Selbstwertschutz

Dieses Bedürfnis sticht, ebenso wie das nach Kohärenz, unter den anderen heraus. Nicht, weil es wichtiger wäre, sondern weil es uns Menschen, anders als die anderen Bedürfnisse, ganz eigen ist. Um ein Bedürfnis nach Selbstwerterhöhung und Selbstwertschutz zu haben, »benötigen« wir erst einmal ein Selbst. Wir müssen also in der Lage sein, uns als eigenständige Wesen wahrzunehmen. Wir nennen dies in der Psychologie die Fähigkeit zum *reflexiven Denken* und diese haben eben nur wir Menschen.

Zahlreiche Studien zeigen, dass wir ein grundlegendes Bedürfnis haben, uns kompetent und wertvoll zu fühlen. Wir möchten gerne gut über uns selbst denken und mögen es nicht, wenn andere schlecht über uns denken. Und häufig glauben wir auch (oder möchten es glauben), dass wir in dem oder jenem besser sind als andere, wir neigen dazu, unseren eigenen Wert und unsere Fähigkeiten zu überschätzen. Entsprechend erinnern sich Menschen zum Beispiel besser an positive Beschreibungen ihrer Person als an negative. Die Mehrzahl der Autofahrer glaubt, besser Auto fahren zu können als alle anderen auf der Straße, was statistisch natürlich gar nicht möglich ist. Ebenso identifizieren sich Fans von Sportmannschaften umso mehr mit dieser und sprechen verstärkt von »wir«, wenn die Mannschaft gerade sehr erfolgreich ist. »Wir« haben gewonnen, aber »die« haben verloren. Je niedriger das eigene Selbstwertgefühl, desto stärker ist dieser Effekt zu beobachten. Aus der Forschung wissen wir, dass Menschen in leicht depressiven Zuständen sich und ihre eigenen Fähigkeiten signifikant realistischer einschätzen, als dies psychisch vollkommen gesunde Menschen tun. Dies ist wiederum ein wichtiger Hinweis auf die Existenz dieses Grundbedürfnisses. Gesunde Menschen überschätzen sich und tun es, weil sie ein grundlegendes Bedürfnis nach Selbstwerterhöhung haben.

Wie aber kommt es, dass Menschen sich trotz dieses Bedürfnisses nach Selbstwerterhöhung regelrecht selbst fertigmachen und sich Sätze wie »Du taugst zu nichts« sagen? Widerspricht das nicht dem gesamten Konzept psychologischer Grundbedürfnisse? Nein, das tut es nicht.

Wie bereits beschrieben, ist ein Mensch in der ersten Phase seines Lebens völlig hilflos und darauf angewiesen, dass sich die primäre Bezugsperson möglichst feinfühlig um seine physiologischen und psychischen Grundbedürfnisse kümmert. Handelt diese Person entsprechend, ist alles in Ordnung. Tut sie dies nicht bzw. nicht in einer verlässlichen Art und Weise, wird es etwas komplizierter. Wir Menschen teilen automatisch alles, was uns widerfährt, in »gut« oder »schlecht« ein. Dies hängt mit unserem Bedürfnis nach Lustgewinn und Unlustvermeidung zusammen. Dinge, die uns Lust bereiten oder ein Unlustgefühl beenden, also zum Beispiel die Zuwendung durch die Mutter oder die Milch, die sie uns gibt, gelten als »gut«. Ein Kind hat Angst, Mama nimmt es in den Arm, die Angst lässt nach, also ist Mama gut. Ein Kind hat Hunger, Mama gibt ihm Milch, der Hunger lässt nach, also sind Mama (und die Milch) gut. Passiert dies nicht in einer angemessenen Art und Weise, müsste eigentlich eine gegenteilige Reaktion erfolgen. Das Kind hat Hunger, Mama gibt ihm keine Milch, der Hunger wird schlimmer, also ist Mama schlecht. So funktioniert dies aber in der Mehrzahl der Fälle nicht, denn es wäre keine sonderlich kluge Überlebensstrategie. Wer die derzeit wichtigste Person in seinem Leben sinngemäß schlechtmacht, geht nämlich das Risiko ein, diese vollkommen zu verlieren, was unweigerlich seinen Tod zur Folge hätte. Die Bezugsperson ist zwar nicht ganz so zuverlässig, wie man es gerne hätte, aber von Zeit zu Zeit versteht sie ja doch, was man braucht. Von daher ist die einzige Möglichkeit, die einem kleinen Wesen bleibt, eben die, sich selbst schlechtzumachen. Es bekommt keine Zuwendung und keine Milch, weil es sich nicht gut genug ausgedrückt hat. *Es* selbst ist nicht gut genug. So entsteht häufig schon früh ein vermindertes Selbstwertgefühl. Vielleicht können Sie sich an eine Situation erinnern, in der Sie einen schweren Konflikt mit einer Ihnen sehr wichtigen Person hatten und in der Sie sich selbst kleiner gemacht oder sich selbst beschimpft haben. Dieses Verhalten mag Ihnen heute merkwürdig vorkommen, in der Situation aber erschien Ihnen die andere Person so wichtig, dass Sie es bevorzugt haben, sich selbst abzuwerten, um ja nicht den Kontakt zu diesem Menschen zu verlieren. Höchstwahrscheinlich haben Sie diese Strategie auch gewählt, weil diese Reaktionsweise schon in der Vergangenheit zum Erfolg geführt hat und entsprechend in Ihrem Gehirn gebahnt wurde.

Der eben geschilderte Prozess verläuft beim Säugling und Kleinkind natürlich vollkommen unbewusst (beim Erwachsenen übrigens auch). Kein Kleinkind denkt bewusst: »Wenn ich mich selbst als unzureichend betrachte, kann ich meine wichtigste Bezugsperson weiterhin gut finden.« Es handelt sich um automatisch ablaufende Prozesse, die in sich auch logisch und stimmig sind. Schließlich erhöht das Lebewesen damit erst einmal seine Überlebenschancen. Sowohl das Kind als auch der Erwachsene vermindern zwar ihren Selbstwert, aber sie bekommen dafür vermeintlich etwas zurück: Beide haben den Eindruck, die Situation zu kontrollieren und die Chance zu behalten, dass ihr Bindungsbedürfnis und ihr Bedürfnis nach Lustgewinn weiterhin befriedigt werden. Ein Bedürfnis wird zugunsten der anderen Bedürfnisse zurückgestellt. Es ist zwar eine etwas »schräge« Konstruktion, sie ist aber zielführend und trägt dem Rechnung, was Grawe als das grundlegendste aller Bedürfnisse bezeichnet: Sie ist kohärent.

Das Bedürfnis nach Kohärenz

Wenn ein Ungleichgewicht herrscht und Dinge einfach nicht zusammenpassen, möchten wir das möglichst rasch beenden, wir bevorzugen den Zustand der Kohärenz, des Gleichgewichts, und streben danach. Auch hier eignet sich wieder der Vergleich mit einem körperlichen Phänomen. Wenn ein Mensch zu schnell aus der Hocke aufsteht und sein Blutdruck gerade etwas niedrig ist, wird er einen leichten Schwindel erleben und wahrscheinlich das Gleichgewicht, die Balance, verlieren. Die Mehrzahl der Menschen empfindet einen solchen Schwindel als unangenehm und ergreift sofort Maßnahmen, um ihn zu beenden. Man setzt sich hin, hält sich fest, atmet ein paar Mal tief durch, isst etwas oder sucht vielleicht sogar einen Arzt auf, wenn einen der Zustand besonders stark beunruhigt.

Auf psychologischer Ebene entsteht ein solcher Zustand des Ungleichgewichts, der Inkohärenz, wenn unsere psychologischen Bedürfnisse nicht befriedigt oder angegriffen werden. Dies kann durch einen Einfluss von außen geschehen oder wenn man selbst es versäumt, ein Bedürfnis zu befriedigen (mehr dazu auf S. 68 ff.). Wird jemandem zum Beispiel von einem Tag auf den anderen eine fristlose Kündigung vorgelegt, so wird sein Bedürfnis nach Orientierung und Kontrolle in Mitleidenschaft gezogen. Schlimmstenfalls hat die Person dann noch eine Stunde Zeit, ihre Sachen zu packen, den Schlüssel vom Firmenwagen und die Zugangskarte zum Firmengebäude abzugeben und findet sich plötzlich, womöglich begleitet vom Werkschutz, im wahrsten Sinne des Wortes auf der Straße wieder. Dass ein Mensch dann erst einmal die Orientierung verliert, erscheint mehr als normal. Ebenso wie die Tatsache, dass die Mehrzahl der Menschen, genauso wie beim eben beschriebenen Schwindelanfall, sofort Aktionen einleiten wird, um wieder ins Gleichgewicht zu kommen. Der eine ruft seinen Anwalt an, um sich beraten zu lassen, eine andere den bevorzugten Headhunter, um ihren Marktwert zu sondieren, und wiederum ein anderer sagt sich: »Endlich mal Zeit zum Nichtstun.« Alle verfolgen mit diesen Strategien ein Ziel: das unangenehme Gefühl des Ungleichgewichts möglichst rasch zu beenden und wieder einen Zustand der Kohärenz herzustellen.

Ebenso kann man selbst einen solchen Zustand des Ungleichgewichts erzeugen, indem man all seine Energie auf die Befriedigung eines einzigen psychologischen Bedürfnisses verwendet. Das macht beispielsweise jemand, der ständig und vorrangig nach Anerkennung (Bedürfnis nach Selbstwerterhöhung) strebt und, gleich einem Workaholic, nur arbeitet, um sich und anderen durch beruflichen Erfolg und zahlreiche Statussymbole, wie eine teure Uhr und Luxusurlaube, zu beweisen, dass er keineswegs minderwertig ist. (Wobei er ja nicht minderwertig *ist*, sondern sich so *fühlt*.) Was natürlich zu Lasten der privaten Kontakte geht (Bedürfnis nach Bindung) und von Hobbys, die demjenigen bisher immer viel Spaß bereitet haben (Bedürfnis nach Lustgewinn). Irgendwie weiß die Person, dass das langfristig so nicht funktionieren kann bzw. bekommt es immer wieder durch Sätze wie »Dich sieht man ja gar nicht mehr« von Freunden oder vom Partner rückgemeldet, aber sie ändert es trotzdem nicht. Dieses Ungleichgewicht erzeugt Druck, der häufig durch bestimmte mentale Strategien abgebaut werden soll. Beispielsweise durch die Abwertung der anderen (»Sie sind doch bloß neidisch auf meinen Erfolg«), Verzögerung (»Wenn ich in Rente bin, kann ich das alles nachholen«) oder Verdrängung (»Ich muss mich jetzt erst einmal auf meinen Job konzentrieren«).

Anders als Grawe, der das Bedürfnis nach Kohärenz (er selbst bezeichnet es als »Konsistenz«) nicht als eigenständiges Bedürfnis sah, ist es in meinen Augen sowohl ein Metabedürfnis als auch auf der Ebene der anderen Bedürfnisse anzusiedeln. Lassen Sie mich das anhand von drei Beispielen veranschaulichen:

Ein Unternehmen erzielt im Laufe eines Geschäftsjahres einen Rekordgewinn und kommuniziert dies auch stark in der Presse. Sie als Mitarbeiter sind entsprechend stolz auf Ihr Unternehmen. Drei Wochen später kündigt das Unternehmen trotz des Rekordgewinns an, dass es 10 Prozent der Belegschaft entlassen wird. In diesem Moment wird das Bedürfnis nach Kohärenz tangiert. Die beiden Informationen passen einfach nicht zusammen, sind unstimmig und entsprechend wird Ihr Kohärenzbedürfnis von außen angegriffen.

Etwas Vergleichbares passiert im zweiten Beispiel. Eine Führungskraft gibt vor, dass alle Mitarbeiter pünktlich zu Teambesprechungen zu erscheinen haben. Die Führungskraft selbst kommt aber immer zu spät. Anders als vielleicht erwartet, wird hier nicht das Bedürfnis nach Orientierung und Kontrolle in Mitleidenschaft gezogen. Die Mitarbeiter haben Orientierung und Kontrolle, denn sie wissen, was von ihnen erwartet wird und wie sie sich zu verhalten haben. Der Ärger, den die meisten empfinden, kommt daher, dass die Führungskraft selbst nicht das tut, was sie predigt, also in einer inkohärenten Art und Weise handelt. Grawe bezeichnet das als »sensorische Erfahrung« mit der Lebensumgebung.

Ein weiteres und letztes Beispiel, in dem das Bedürfnis nach Kohärenz von außen gestört wird: Ein Fernsehfilm spielt in Italien. Alle Hauptdarsteller sind aber gut bekannte deutsche Schauspieler, die Italiener mimen. Schon alleine das reicht aus, um das Bedürfnis nach Kohärenz in Alarmbereitschaft zu versetzen. Hinzu kommt, dass diese »Italiener« Deutsch sprechen, also nicht synchronisiert wurden. Die Zuschauer können das an den Lippenbewegungen erkennen. Italiener, die in Italien untereinander ein perfektes Hochdeutsch sprechen? So etwas gibt es einfach nicht. Der Zuschauer empfängt unstimmige, nicht kohärente Informationen, was zu unangenehmen Emotionen führt.

Fazit: Das Bedürfnis nach Kohärenz kann zweifelsohne als Metabedürfnis bezeichnet werden und drückt sich beim Menschen durch ein Streben nach Balance aus. Dieses Streben und die dazugehörigen Verhaltensweisen werden wir uns auf den folgenden Seiten genauer anschauen.

Das Streben nach Balance

Wie aber kann eine »gute« Bedürfnisbefriedigung denn nun gelingen? Benötigt man von allem besonders viel? Konkret würde das Folgendes bedeuten:

Wir haben ein Bedürfnis nach

- ... Orientierung und Kontrolle, also müssen wir wissen, wo es für uns hingeht, und wir müssen immer alles unter Kontrolle haben.
- ... Lustgewinn, also geht es darum, möglichst viel Lust und Spaß im Leben zu empfinden.
- ... Selbstwerterhöhung, also müssen wir ständig nach Möglichkeiten suchen, unseren Selbstwert zu bestätigen.
- ... Bindung, also müssen wir uns immer mit anderen Menschen, die wir lieben und die uns lieben, umgeben.
- ... Kohärenz, also müssen wir dafür sorgen, dass alles in unserem Leben verstehbar, stimmig und voller Sinn ist.

Mir erscheint dies eine utopische und in vielerlei Hinsicht auch eine wenig zielführende Vorstellung. Wir tragen ja auch das grundlegende physiologische Bedürfnis, Nahrung zu uns zu nehmen, in uns. Dies bedeutet aber nicht, dass wir permanent essen sollten. Es ist ein grundlegendes Bedürfnis, das wir unbedingt berücksichtigen müssen, aber es kommt auf das *richtige Maß* an. Trotzdem gibt es natürlich Menschen, die viel zu viel essen, während umgekehrt Magersüchtige dieses grundlegende menschliche Bedürfnis weitgehend ignorieren. In beiden Fällen herrscht ein Ungleichgewicht bei der Befriedigung ihrer physiologischen wie psychologischen Grundbedürfnisse. Der Fettsüchtige folgt in einer übertriebenen Weise seinem Bedürfnis nach Lustgewinn und die Magersüchtige möchte allen zeigen, dass sie selbst ein so elementares Bedürfnis wie den Hunger kontrollieren kann, und dass sie niemand, absolut niemand auf der Welt zwingen kann, etwas zu essen. *Sie* hat die volle Kontrolle. Beide haben das richtige Maß verloren.

Das Verhalten, das der Fettsüchtige (dies ist in der Psychologie ein geläufiger Begriff und nicht abwertend gemeint) zeigt, ist ein *extremes Annäherungsverhalten* auf das Grundbedürfnis nach Nahrung (bzw. Lustgewinn). Das Verhalten der Magersüchtigen bezeichne ich umgekehrt als *extremes Vermeidungsverhalten* (beide Begriffe spielen für dieses Buch eine große Rolle). Beide Verhaltensweisen sind als krankhaft zu bezeichnen. Die Personen erleben zwar unmittelbar positive Emotionen, aber langfristig wird sie ihr Verhalten in einen emotional negativen Zustand bringen und im schlimmsten Fall zu ihrem Tod führen.

Vermeidung bzw. Annäherung kann man bei allen unseren psychologischen Grundbedürfnissen beobachten. Vermutlich kennen Sie, ebenso wie ich, Menschen, die zwanghaft versuchen, alles in ihrem Leben unter Kontrolle zu halten, und denen Situationen der Orientierungslosigkeit nahezu körperliche Schmerzen bereiten. Diese Menschen zeigen in Bezug auf das Bedürfnis nach Orientierung und Kontrolle ein extremes Annäherungsverhalten. Ebenso werden Sie aber auch Menschen kennen, die es tunlichst vermeiden, sich in irgendeiner Weise festzulegen, und die keinerlei Verantwortung tragen möchten. Diese offenbaren also ein extremes Vermeidungsverhalten, was Orientierung und Kontrolle anbelangt. Diese Feststellungen können Sie bei allen psychologischen Grundbedürfnissen machen. Es gibt Personen, die ständig nach Anerkennung streben (Annäherung-Selbstwert) bzw. sich permanent selbst kleiner machen, als sie in Wirklichkeit sind (Vermeidung-Selbstwert). Für die einen zählt nur der Spaß im Leben, sie stürzen sich von einem Vergnügen ins nächste (Annäherung-Lustgewinn), die anderen vermeiden jegliche Form von Spaß, weil »erst die Arbeit und dann das Vergnügen« kommt (Vermeidung-Lustgewinn). Manche Leute tun alles für die anderen, um geliebt zu werden (Annäherung-Bindung) bzw. können keinem anderen Menschen vertrauen (Vermeidung-Bindung). Und es gibt die Perfektionisten und häufig unflexiblen Menschen, bei denen alles immer an der richtigen Stelle und stimmig sein muss (Annäherung-Kohärenz) bzw. die Chaoten, die jegliche Form von Ordnung absolut ablehnen und sich durch eine immerwährende Flexibilität auszeichnen (Vermeidung-Kohärenz).

All diese Beispiele haben zwei Gemeinsamkeiten. Zum einen tragen alle beschriebenen Menschen ein auffälliges Verhalten in Bezug auf das geschilderte Bedürfnis in sich, zum anderen hat das Bedürfnis, egal ob es um Annäherung oder Vermeidung geht, *eine besondere Bedeutung* für sie. Es ist nichts, was nebenher in ihrem Leben läuft, sondern hat einen zentralen Einfluss auf ihr Leben, Erleben und Verhalten und ist entsprechend meistens auch von außen gut beobachtbar. So wie man die Fettsüchtigen und die Magersüchtigen an ihrem Körperumfang leicht erkennen kann, fallen die »Kontrollsüchtigen«, »Lustsüchtigen« oder »Perfektionisten« durch ihre außergewöhnlichen Verhaltensweisen auf.

Und ebenso wie man normalgewichtig sein kann, indem man sein Grundbedürfnis nach Nahrungsaufnahme in einer »normalen« Art und Weise befriedigt, kann man in einer »normalen« Art und Weise seine psychologischen Grundbedürfnisse befriedigen. Beschreibt man dies wieder mit den Begriffen des Annäherungs- und Vermeidungsverhaltens, bedeutet es, eine gute Balance zwischen diesen beiden Verhaltensweisen zu erreichen. Bezogen auf die einzelnen Grundbedürfnisse heißt dies Folgendes:

- **Lustgewinn und Unlustvermeidung:** Die Personen haben Spaß und Freude im Leben und tun etwas dafür, indem sie zum Beispiel Aktivitäten ausüben, die ihnen etwas bedeuten und ihnen wichtige Lebensenergie geben. Gleichzeitig können sie aber auch akzeptieren, dass sie manchmal »leiden« müssen, um ihre Ziele zu erreichen. Etwa, wenn sie für eine Prüfung lernen oder bei der Geburt eines Kindes Schmerzen erdulden müssen. Das alles gehört zum

Menschsein nun einmal dazu. Jemand, der nur nach Lust strebt, wird versuchen, vergleichbare Situationen tunlichst zu vermeiden.

- **Orientierung und Kontrolle**: Die Personen versuchen herauszufinden, was sie vom Leben wollen, setzen sich Ziele und erreichen diese aus eigener Kraft und Anstrengung. Sie sind aber auch in der Lage, loszulassen und andere Menschen Entscheidungen treffen zu lassen. Letzteres ist auch entscheidend im Bereich der Mitarbeiterführung (siehe S. 132 ff.). Eine Führungskraft, die in diesem Punkt ein überzogenes Annäherungsverhalten zeigt, wird ihre Mitarbeiter wahrscheinlich sehr stark kontrollieren und vielen von ihnen damit gehörig auf die Nerven gehen und sie demotivieren.

- **Bindung**: Die Personen vertrauen anderen, sie gehen enge und vertrauensvolle Bindungen und somit auch das Risiko ein, verletzt zu werden. Sie sind aber auch in der Lage, mal alleine zu sein sowie Kritik an ihrem Gegenüber zu äußern, selbst auf die Gefahr hin, dass der andere ihnen eine gewisse Zeit grollt. Dies zerstört dann nicht ihren Selbstwert.

- **Selbstwerterhöhung und Selbstwertschutz**: Die Personen suchen neue Herausforderungen und empfinden Stolz, wenn sie ein herausforderndes Ziel erreicht haben. Etwas nicht zu bewältigen oder kritisiert zu werden, zerstört nicht gleich ihren gesamten Selbstwert. Sie müssen nicht permanent im Mittelpunkt stehen und zeigen, wie großartig sie sind. Sie können anderen Menschen Raum lassen und kommen mit ruhigeren Phasen im Leben gut klar. Nach einem Erfolg suchen sie nicht gleich wieder die nächste Herausforderung, um sich wieder und wieder zu beweisen, dass sie wertvoll sind. Sie erleben durchaus Selbstzweifel, aber nicht in einem quälenden Maße, das dazu führen könnte, die Situation gar nicht erst aufzusuchen.

- **Kohärenz, Stimmigkeit, Sinn:** Den Personen ist es wichtig, dass ihr Leben einen Sinn ergibt und die Dinge grundsätzlich stimmig sind. Sie haben aber gleichzeitig eine gut entwickelte *Ambiguitätstoleranz*, können also widersprüchliche Situationen eine gewisse Zeit lang aushalten, ohne in übertrieben emotionale Reaktionsweisen zu verfallen und zu versuchen, die Ambiguität gleich aufzulösen. Sie haben das Wissen und Vertrauen, dass sich die Unstimmigkeit gegebenenfalls von alleine legen wird. Ist das nicht der Fall, so verweilen Sie aber auch nicht jahrelang in widersprüchlichen Situationen und verleugnen diese, sondern versuchen eine Klärung herbeizuführen, wenn der emotionale Druck zu groß wird.

Menschen, die solche ausgewogenen Verhaltensweisen zeigen, werden in der Regel auch von außen als balanciert wahrgenommen.

Was bedeutet dies nun in Bezug auf das Streben nach Balance? Bevor wir unsere Bedürfnisse befriedigen, sollten wir erst einmal reflektieren, ob wir ein »normales«, also angemessenes, oder eher ein extremes Verhalten zeigen. Es reicht also nicht zu sagen: »Ich habe ein großes Bedürfnis nach Kontrolle, also muss ich alles tun, um möglichst viel Kontrolle zu bekommen.« Sondern die Person muss prüfen, ob sie ein vernünftiges Maß angelegt hat, und es dann gegebenenfalls neu justieren.

Dass diese Neujustierung nicht immer leicht sein wird, liegt auf der Hand. Ein stark Übergewichtiger muss erst einmal erkennen, dass ihm sein Hunger immer wieder einen Streich spielt, indem er ihm signalisiert, dass er etwas essen soll, obwohl sein Körper gar keine Nahrung benötigt. Er wird diesen Hunger aushalten müssen und hoffen, dass der Körper ihm irgendwann wieder verlässliche Informationen liefert. Ebenso wird es beim »Kontrollsüchtigen« sein. Auch er wird erkennen müssen, dass ihm seine Angst einen Streich spielt. Sie signalisiert ihm, dass eine große Gefahr besteht, wenn er auf Kontrolle verzichtet. Auch er wird diese Angst aushalten müssen. Wenngleich das erst einmal unangenehm ist, so sammeln wir dabei doch wertvolle Erfahrungen, die helfen, unser Verhalten zu korrigieren.

Lassen Sie mich zum Abschluss dieses Abschnittes, bevor wir uns einige Besonderheiten des Annäherungs- und Vermeidungsverhaltens anschauen, noch einen aus meiner Sicht sehr wichtigen Punkt betonen.

Es geht mir hier nicht darum zu sagen, was richtig und falsch ist und wie Menschen zu sein haben. Dieser Eindruck kann schnell entstehen, wenn man von »normalem« und »extremem« Verhalten spricht. Unsere Welt besteht aus vielen unterschiedlichen Menschen, und das ist gut so. Natürlich benötigen wir auch Kontrollfreaks, die sich zum Beispiel um die Sicherheit eines Kernkraftwerks kümmern, Perfektionisten, die Produkte wie das iPhone erfinden, oder Bindungsfreaks, die sich selbstlos darum kümmern, dass es allen Menschen um sie herum gut geht. Das alles aber bitte nur bis zu einem Punkt, an dem sie weder sich selbst noch anderen durch ihren Kontrollwahn, Perfektionismus, Narzissmus oder ihre Überfürsorge schaden. Modelle, wie ich sie hier schildere, verfolgen nicht den Zweck, einen perfekten Menschen zu beschreiben und zu proklamieren. Sie sollen vielmehr eine Orientierung bieten, ein Kompass für Menschen sein, die ihre Stärken, aber auch Entwicklungsfelder entdecken, sich insgesamt ein wenig besser verstehen und auf der Basis dieser Analyse in einen persönlichen Entwicklungsprozess einsteigen möchten. Aber nur, wenn *sie selbst* es für sinnvoll erachten.

Annäherung und Vermeidung im Vergleich

Sind ein extremes Annäherungs- bzw. Vermeidungsverhalten gleich problematisch? Die Wissenschaft zeigt, dass dem nicht so ist.

Greifen wir wieder auf die Analogie mit dem physiologischen Grundbedürfnis nach Nahrungsaufnahme zurück. Wären Annäherungs- und Vermeidungsverhalten in ihrer Bedeutung gleichzusetzen, so würde es genauso »schlimm« sein, nichts zu essen (extremes Vermeidungsverhalten) wie zu viel zu essen (extremes Annäherungsverhalten). Dies ist aber nicht der Fall. Jemand, der ganz grundsätzlich zu viel isst, wird zwar eine gesundheitliche Schädigung davontragen, aber es wird sehr viel länger dauern, bis sie auftritt, als wenn jemand von einem Tag auf den anderen aufhört zu essen.

Übertragen auf die psychologischen Grundbedürfnisse bedeutet dies: Auch wenn ein Annäherungsverhalten übertrieben ist, ist es vorteilhafter als ein übertriebenes Vermeidungsverhalten. Dies liegt ganz einfach daran, dass ein Mensch durch Annäherungsverhalten – oder ganz simpel übersetzt: durch Aktivität – in der Regel die Wahrscheinlichkeit erhöht, positive Emotionen zu erleben bzw. korrigierende Erfahrungen zu machen. Ein depressiver Mensch, der sein Haus nicht mehr verlässt, weil er Angst hat, enttäuscht zu werden, kann schlichtweg nicht erleben, dass manche Menschen gar nicht so schlimm sind, wie er es sich denkt. Und jemand, der sich aus Angst zu versagen und um seinen Selbstwert zu schützen, gar nicht erst auf eine Stelle als Führungskraft bewirbt, kann die Erfahrung nicht machen, dass er viel fähiger ist, als er meint. Wie heißt es so richtig: »Wer etwas versucht, kann verlieren. Wer es nicht versucht, hat schon verloren.« Genau aus diesem Grund ist ein starkes Annäherungsverhalten, wie man es meist bei extrovertierten Menschen beobachten kann, einem starken Vermeidungsverhalten häufig überlegen.

Manchmal zeigen Menschen auch ein sogenanntes Annäherungs-Vermeidungsverhalten. Was darunter zu verstehen ist, kann man gut an zwei Beispielen, eines aus dem beruflichen und eines aus dem privaten Umfeld, verdeutlichen.

Die Mitarbeiterin eines Unternehmens möchte Karriere machen. Sie hat sich daher das Ziel gesetzt, einmal Führungskraft zu werden. Dies wäre für sie – wie für so viele – ein Zeichen für beruflichen Erfolg. Ihr ist überhaupt nicht bewusst, dass sie dieses Ziel aus einem tiefen Minderwertigkeitsgefühl heraus verfolgt, weil sie sich beweisen möchte, doch nicht so unzulänglich zu sein, wie sie sich fühlt. Entsprechend zeigt sie aus dem Bedürfnis nach Selbstwerterhöhung ein Annäherungsverhalten. Im Intranet des Unternehmens hält sie immer wieder Ausschau nach Teamleiterpositionen und sie hat sich auch schon bei ihrer direkten Vorgesetzten erkundigt, ob diese sie in einer Führungsposition sieht. Diese Frage wurde bejaht und sie wurde auch ermutigt, sich zu bewerben. Während sie ihre Unterlagen zusammenstellt, merkt sie, dass der innere Druck und die Selbstzweifel immer größer werden. Sie kann kaum noch schlafen und es quälen sie zahlreiche Gedanken. »Kann ich das überhaupt?« – »Werden mich meine Mitarbeiter, die bisher meine Kollegen waren, überhaupt akzeptieren?« – »Was, wenn ich die Stelle nicht bekomme? Was werden dann die anderen über mich denken?« Irgendwann wird der Druck so groß, dass sie sich schließlich doch nicht bewirbt (Vermeidungsverhalten). Betrachtet man den gesamten Prozess, so hat sie ein Annäherungs-Vermeidungsverhalten in Bezug auf ihr Bedürfnis nach Selbstwerterhöhung gezeigt. Sie hat sich ihrem Ziel genähert, und als es immer greifbarer wurde, ist auch der Druck gestiegen, was zu einem Verzicht führte. Dieses Verhalten unterscheidet sich von einem reinen Annäherungs- und einem reinen Vermeidungsverhalten. Im ersten Fall würde sich die Person sofort in das Abenteuer stürzen und im zweiten noch nicht einmal nach Stellen Ausschau halten (kein Zutrauen zu den eigenen Fähigkeiten).

Vergleichbare Phänomene können wir auch im privaten Umfeld beobachten. Ein Mann ist seit fünf Jahren Single. Eigentlich wünscht er sich eine feste Partnerschaft, Kinder, eine Familie. Er ist sehr schüchtern, würde sich niemals trauen, eine Frau, die ihm gefällt, direkt anzusprechen. Er hat sich also bei zahlreichen Partnerbörsen angemeldet (Annäherungsverhalten). Da er recht gut aussieht und sein Profil bei Frauen offensichtlich ankommt, erhält er häufig Kontaktanfragen. Auch er ist recht fleißig darin, seinerseits Kontaktanfragen zu versenden. Die Jahresgebühr, die er zahlt, muss sich ja schließlich lohnen. Wann immer es nun aber konkreter wird, also eine Frau mit ihm telefonieren oder sich mit ihm treffen will, steigt bei ihm der innere Druck. »Was soll ich denn bei dem Treffen, dem Telefonat erzählen?« – »Was, wenn ich total unsicher wirke?« – »Vielleicht werde ich ja rot und bekomme eine zittrige Stimme, wie es mir häufig in vergleichbaren Situationen passiert?« Und wenn er es schafft, einen Kennenlerntermin zu vereinbaren, sagt er ihn kurzfristig wieder ab. Auch er zeigt also, diesmal in Bezug auf das Bedürfnis nach Bindung, ein Annäherungs-Vermeidungsverhalten.

Dass ein solches Verhalten äußerst quälend sein kann und es dem eigenen Selbstvertrauen nicht gerade zuträglich ist, springt jedem sofort ins Auge und fast jeder kennt vergleichbare Situationen. Wie man diesem Teufelskreis entkommen und sich entsprechend emotional anders führen kann, werden wir in Kapitel 3 beleuchten.

Ein Blick auf die Ursprünge

Interessant ist nun, wie diese extremen Verhaltensweisen in Bezug auf unsere Bedürfnisse nach Bindung, Orientierung und Kontrolle, Lustgewinn, Selbstwerterhöhung und Kohärenz entstehen. Im Folgenden geht es insbesondere um den Einfluss der Genetik und unserer Erfahrungen.

Der Einfluss unseres genetischen Erbes

Eine Vielzahl von Selbsthilfebüchern suggeriert uns, dass wir alleine durch die Kraft unseres Willens und die Veränderung unseres Denkens und unserer Perspektiven alles im Leben erreichen können. Vielleicht tendiert sogar mein erstes Buch zum Thema Resilienz ein bisschen zu sehr in diese Richtung. Wenngleich ich weiterhin davon überzeugt bin, dass wir viel mehr erreichen können, als wir häufig denken, wissen wir auch, dass uns die Genetik ebenso wie ungünstige Startbedingungen gewisse Grenzen setzen können.

So ist zum Beispiel aus der Forschung zum Annäherungs- und Vermeidungsverhalten bekannt, dass extrovertierte Menschen insgesamt eine größere Annäherungstendenz haben und dass auch positive Emotionen wie Freude, Glück oder Liebe bei diesen leichter ausgelöst werden als bei introvertierten Menschen. Letztere haben eine eher schwache Annäherungstendenz (wobei wie gesagt ein Annäherungsverhalten einen gewissen Vorteil gegenüber einem Vermeidungsverhalten hat) und positive Emotionen sind bei ihnen schwerer auszulösen. Dieses genetische Erbe kann es einem Introvertierten schwerer machen, positive Emotionen so aufgeschlossen zu erleben wie ein extrovertierter Mensch. Es geht also nicht nur um das *Wollen*, sondern tatsächlich auch um das *Können*.

Neben dem genetisch vorgegebenen Persönlichkeitsmerkmal Extra- und Introversion gibt es niedrige bzw. hohe Ausprägungen beim Persönlichkeitsmerkmal Neurotizismus. Bei Menschen mit einer hohen Ausprägung (sie werden auch gerne neurotisch genannt) sind negative Emotionen leichter aktivierbar als bei *emotional stabilen,* also wenig neurotischen Menschen. Dass die zuerst Genannten deshalb viele Situationen eher vermeiden als diejenigen, die emotional stabil sind, liegt auf der Hand. Wer möchte schon gerne ständig Ärger, Peinlichkeit, Angst oder Traurigkeit erleben. Diese Menschen stehen im Bereich der emotionalen Führung also vor ganz anderen Herausforderungen als Menschen, die aufgrund ihrer Genetik (von Geburt an) über emotionale Stabilität und somit häufig auch über eine von außen wahrnehmbare Gelassenheit verfügen. Auch hier geht es also nicht nur ums *Wollen,* sondern auch ums *Können.*

Für alle diejenigen, die nun schon die Flinte ins Korn werfen wollen, denn diese Gefahr besteht leider immer, wenn man anfängt, über Genetik zu schreiben (was ich aus dem Grund auch gerne vermeide), möchte ich kurz von einer Studie des Forschers Stephen Suomi berichten, die er mit Affen durchführte. Dafür wurde eine Rasse von besonders neurotischen und ängstlichen Affen gezüchtet. Ein Teil dieser Affen wurde nach der Geburt ihren Müttern weggenommen und für sechs Monate in die Obhut von sogenannten Supermüttern gegeben. Diese Supermütter waren in der Vergangenheit durch ein besonders fürsorgliches, liebevolles und zugewandtes, also ein optimales mütterliches Bindungsverhalten aufgefallen. Ein Teil dieser Supermütter bekam außerdem völlig normale Affenbabys zur Betreuung. Ebenso wurde ein Teil der »neurotischen« Affenbabys sogenannten durchschnittlichen Müttern für sechs Monate zugewiesen. Die Ergebnisse waren beeindruckend.

Von allen Affenbabys entwickelten sich die neurotischen

und besonders ängstlichen Affenbabys, die Supermütter groß-gezogen hatten, am besten. Diese Affen zeigten früher als andere ein interessiertes und angstfreies Explorationsverhalten, das Abstillen funktionierte leichter, die Affen nahmen später höhere Positionen in der Affenhierarchie ein und die weiblichen Tiere entwickelten sich später selbst zu Supermüttern. Bei den neurotischen Affenbabys, die durchschnittliche Mütter großgezogen hatten, war genau das Gegenteil der Fall. Diese legten ein deutlich ängstlicheres Explorationsverhalten an den Tag und in der Hierarchie ihrer Gruppe waren sie später weiter unten angesiedelt. Es war den Forschern somit gelungen, die Auswirkungen des genetischen Erbes zu verändern. Die Ergebnisse dieser Studie sind durchaus auf den Menschen übertragbar, wie die Forscher Dymph van den Boom und Jan Hoeksma belegen konnten. Die neurotischen Babys von Müttern, deren Feinfühligkeit im Umgang mit den Kindern trainiert wurde, zeigten später ein emotional positiveres Verhalten als die neurotischen Kinder von Müttern, deren Feinfühligkeit nicht verbessert wurde.

Wir sehen an diesen Studien also, dass wir unserem genetischen Erbe nicht hilflos ausgeliefert sind, sondern uns durchaus weiterentwickeln können. Und das auch in späteren Jahren, wie es beispielsweise die Wirksamkeitsstudien bei Psychotherapien eindrucksvoll belegen.

Der Einfluss unserer Erfahrungen

Außer den genetischen Ursachen für ein spezifisches Annäherungs- bzw. Vermeidungsverhalten gibt es noch weitere, die wir nun näher betrachten wollen. Selbst wenn wir damit das »Problem« noch nicht lösen können, hilft uns das für ein besseres Verständnis unserer selbst, da wir einerseits unser Bedürfnis nach Kohärenz (»O.k., jetzt ist mir klar, warum ich mich manchmal so verhalte«) und andererseits unser Bedürfnis nach Selbstwertschutz (»O.k., ich bin also gar nicht alleine schuld an meiner Misere«) befriedigen können.

Wie ein problematisches Verhalten in Bezug auf den eigenen Selbstwert entstehen kann, haben wir bereits gesehen. Hier noch einmal kurz zur Erinnerung: Ein Kind erlebt bei seiner engsten Bezugsperson ein wenig verlässliches Fürsorgeverhalten. Aus Angst, die derzeit wichtigste Person in seinem Leben zu verlieren, sagt es »ich bin schlecht« und sichert sich so um den Preis eines verminderten Selbstwertgefühls weiterhin die überlebenswichtige Betreuung.

Der berühmte Psychologe Alfred Adler hat bereits Anfang des 20. Jahrhunderts die Hypothese formuliert, dass nahezu alle Menschen ein Minderwertigkeitsgefühl in sich tragen, das aufgrund der in der Kindheit erlebten Hilflosigkeit und Abhängigkeit von anderen entstanden ist. Er hat darüber hinaus als Erster postuliert, dass dieses Minderwertigkeitsgefühl sowohl von Misshandlung und Vernachlässigung herrühren kann als auch von Überbehütung. Einem überbehüteten Kind, dem alles abgenommen wird, suggeriert man, dass es hilflos und nicht in der Lage ist, seine Herausforderungen selbstständig zu lösen. Dem vernachlässigten Kind wird dagegen immer wieder zu verstehen gegeben, dass es zu nichts taugt, wodurch sein Selbstwert angegriffen wird. Bei besonders schwerwiegenden Verletzungen spricht Adler von dem bekannten Minderwertigkeitskomplex. Dieser ist somit eine Extremform eines Minderwertigkeitsgefühls.

Die Überlegungen von Adler können problemlos auf die moderneren und wissenschaftlich besser untersuchten psychologischen Begriffe eines extremen Annäherungs- bzw. Vermeidungsverhaltens übertragen werden. Jemand, der permanent nach Anerkennung sucht und sich rastlos und fast zwanghaft neuen Herausforderungen stellt, ohne dass sich dauerhaft ein Gefühl der Genugtuung einstellen will, der also ein extremes Annäherungsverhalten in Bezug auf das Bedürfnis nach Selbstwerterhöhung zeigt, hat in seiner Vergangenheit meist eine manchmal erinnerbare, häufig aber auch nicht erinnerbare starke Verletzung seines Selbstwertes erlebt. Auch wer ein extremes Vermeidungsverhalten zeigt, also vornehmlich versucht, seinen Selbstwert vor weiteren Verletzungen zu schützen, wird in der Vergangenheit starke Verletzungen des Selbstwerts erfahren haben. Aus solchen Verletzungen des Selbstwerts können im Falle eines überzogenen Annäherungsverhaltens ganz großartige Leistungen entstehen. Das Minderwertigkeitsgefühl agiert dann wie ein kleines Kraftwerk, aus dem die Person eine schier unendliche Menge an Energie schöpft, um es »den anderen« zu zeigen. Aus den Verletzungen des Selbstwerts können aber auch, im Falle eines extremen Vermeidungsverhaltens, Biografien entstehen, wo Menschen weit unter ihren Möglichkeiten bleiben. Lieber kein Risiko eingehen, denn eine weitere Niederlage, eine weitere Verletzung des Selbstwerts wäre einfach unerträglich für sie.

Solche im wahrsten Sinne des Wortes *grundlegenden* Erfahrungen macht der Mensch in Bezug auf sein Bedürfnis nach Selbstwerterhöhung, aber auch im Hinblick auf Orientierung und Kontrolle, Lustgewinn, Bindung und Kohärenz. Ein Mensch, der in seiner Vergangenheit niemals ein Gefühl der Kontrolle und der Orientierung gehabt hat, kann als Erwachsener, ebenso wie beim Selbstwert, beide Verhaltensrichtungen einschlagen. Er kann – sich dem Bedürfnis annähernd – ständig versuchen alles unter Kontrolle zu halten, kann aber auch – vermeidend – jegliches Verhalten in diese Richtung unterlassen. Ganz einfach, weil er in der Vergangenheit die Erfahrung gemacht hat, dass dies ja sowieso nichts bringt *(erlernte Hilflosigkeit)*.

Ein Mensch, dem jegliche Lust untersagt wurde (»Erst die

Arbeit, dann das Vergnügen«) kann als Erwachsener versuchen, diesen erlebten Mangel durch übertriebene Aktivitäten zu kompensieren, indem er ständig nur nach Lust und Vergnügen sucht. Er kann aber auch, den Werten seiner primären Bezugspersonen und Modelle folgend, sich weiterhin jeglichen Spaß und jegliche Freude im Leben untersagen.

Wer durch seine engen Bezugspersonen immer wieder enttäuscht wurde, dem kann es als Erwachsener schwerfallen, Vertrauen zu anderen Menschen aufzubauen, und es ihm unmöglich machen, enge Bindungen einzugehen. Er entwickelt entsprechend ein extremes Vermeidungsverhalten in Bezug auf das Bedürfnis nach Bindung, wie es beim bereits auf Seite 33 beschriebenen Typ 3 der Fall ist. Er kann aber auch, wie beim anklammernden Bindungsstil von Typ 4, ein überzogenes Annäherungsverhalten entwickeln, indem er sich permanent mit Menschen umgibt und deren Wertigkeit maßlos übertreibt. Er überhöht diese Menschen und macht sein eigenes Glück alleine von deren Anerkennung und Präsenz abhängig.

Und schließlich kann ein Mensch, der in seiner Vergangenheit niemals Kohärenz, Konstanz, Verlässlichkeit und Stimmigkeit erlebt hat, dies als Erwachsener durch ein übertriebenes Streben nach Perfektion und Inflexibilität kompensieren oder, in Analogie zu dem Konzept der erlernten Hilflosigkeit von Martin E. Seligman, durch ein Leben in Chaos und Sinnlosigkeit: »Egal wie sehr ich mich anstrenge: Die Welt ist und bleibt einfach ein imperfekter, unehrlicher und sinnloser Ort und ich werde durch mein Verhalten nichts daran ändern.«

Sie ahnen es sicherlich schon. Es ist so gut wie unmöglich vorherzusagen, ob ein Mensch auf der Basis seiner früheren Erfahrungen eher ein (übertrieben) vermeidendes, annäherndes oder vielleicht sogar ein ausgewogenes Verhalten in Bezug auf seine Grundbedürfnisse zeigen wird. Dazu spielen einerseits unsere Genetik und andererseits die Erfahrungen, die wir im

Laufe unseres Lebens machen, eine zu große Rolle. Wir Menschen sind zum Glück nicht programmiert, sondern können unsere Art zu denken bzw. wie wir Dinge sehen, in einem gewissen Maße wieder verändern.

Durch eine Studie, die Emmy Werner auf der Insel Kauai durchgeführt hat, wissen wir, dass sich Kinder, die aufgrund der Verhaltensweisen ihrer primären Bezugspersonen eher ungünstige Startbedingungen im Leben hatten, durchaus zu erfolgreichen, gesunden und glücklichen Erwachsenen entwickeln können. Dann nämlich, wenn sie im Laufe ihrer Jugend auf andere Bezugspersonen, Modelle, treffen, die die ungünstigen Startbedingungen durch ein vorbildlicheres Verhalten kompensieren. Sie stoßen, um noch einmal an die Studie mit den neurotischen Affenbabys zu erinnern, dann eben zu einem späteren Zeitpunkt auf nicht leibliche Supermütter oder Superväter.

Was all die vorher erwähnten Beispiele gemeinsam haben, ist ein starkes und inakkurates, also der Situation nicht angemessenes emotionales Erleben: der übertriebene Ärger eines Menschen, dessen Selbstwert nur leicht verletzt wurde, die übertriebene Angst vorm Enttäuscht- oder Verlassenwerden von jemandem, der kurz davor steht, eine enge Bindung zu einem anderen Menschen einzugehen, oder das übertriebene Unlustempfinden eines Menschen, der etwas tun muss, worauf er eigentlich keine Lust hat.

All diese Emotionen sind Zeichen eines Ungleichgewichts im Bereich der psychologischen Grundbedürfnisse, die mit sehr hoher Wahrscheinlichkeit in der Vergangenheit verletzt wurden. Und diese Emotionen spielen uns nun einen Streich. Wir über- oder unterschätzen die drohende Gefahr, das Ausmaß der Verletzung unserer Rechte oder die uns zur Verfügung stehenden Ressourcen zur Lösung einer schwierigen Situation. Ebenso wie zu wenig oder zu viel Nahrungsaufnahme in der Vergangenheit einem Menschen fälschlicherweise suggeriert, dass er etwas essen oder nichts essen sollte, führen diese *inakkuraten Emotionen* zu einem Verhalten, das uns auf unserem Lebensweg nicht weiterbringt bzw. mittel- bis langfristig schadet und somit problematisch ist.

Zusammenfassung

Bevor ich fortfahre, bin ich Ihnen noch eine Antwort schuldig – auf die Frage, welche Bedürfnisse Paul Potts durch seinen Auftritt in der Castingshow eigentlich anspricht. Mit Sicherheit handelt es sich um psychologische Grundbedürfnisse, sonst würde es bei den Zuschauern nicht zu so starken Gefühlen kommen. Das ist ein wichtiger Aspekt des Emotional-Leading-Konzepts.

Aus meiner Sicht geht es zentral um die Bedürfnisse nach Selbstwerterhöhung, Kohärenz und Bindung. Das Bedürfnis nach Selbstwerterhöhung, weil gerade das unglaubliche Talent eines Menschen entdeckt wird. Etwas, von dem fast jeder Mensch träumt bzw. eine Frage, die sich viele Menschen stellen: »Habe nicht vielleicht auch ich ein solch unentdecktes Talent? Werde ich vielleicht auch irgendwann einmal entdeckt?« Das Bedürfnis nach Kohärenz, weil alles in sich stimmig ist. Stimmig, weil sich ein Mensch auf die Bühne stellt, sagt, dass er eine Opernarie singen möchte, und es dann in einer ganz wunderbaren Weise tut. Und stimmig, weil wir mit unserem eigenen Schubladendenken und mit unseren Vorurteilen konfrontiert werden, von denen wir, auch wenn wir sie bei anderen verurteilen, genau wissen, dass wir sie auch haben und uns dies hier wieder klar wird. Kaum jemand hätte diesem Menschen auf den ersten Blick eine solche Leistung zugetraut. Wir wissen von uns, dass wir immer wieder in diese Falle tappen werden, wir werden damit konfrontiert, dass wir genau dies gerade wieder getan haben, und auch dies ist dann in sich stimmig und kohärent. Und schließlich das Bedürfnis nach Bindung, weil wir uns diesem Menschen plötzlich sehr nahe fühlen, uns für ihn freuen und zwar gemeinsam mit unzähligen anderen Menschen. Wir erleben einen echten Moment der Menschlichkeit und der Bindung. Auf das Bedürfnis nach Bindung zielt dann der finale Satz des Werbespots auch ab: »Erleben, was verbindet.« Aus all dem entsteht dieses Gefühlwirrwarr aus »schöner Traurigkeit«, Freude, Stolz und Demut.

Wir haben in diesem Kapitel gesehen, welches die psychologischen Grundbedürfnisse des Menschen sind. Wir haben darüber hinaus erfahren, wie bedeutend sie für das Glück und Unglück (beides sind nichts anderes als Emotionen!) eines Individuums sind, und dass sie schon in jüngsten Jahren, aber auch im Erwachsenenalter berücksichtigt werden sollten. Die bei der Befriedigung dieser Bedürfnisse entstehenden Gefühle erfüllen keinen Selbstzweck. Negative Gefühle wie Angst, Ärger, Frustration oder Schuld zeigen uns, dass unsere Grundbedürfnisse in Gefahr sind oder verletzt werden. Gefühle wie Stolz, Liebe, Freude oder gar Glück, dass unsere Grundbedürfnisse befriedigt werden.

Ich stimme dem Dalai Lama darin zu, dass der Sinn des Lebens das »Streben nach Glück« sein sollte. Dieses Glück ist aber aus meiner Sicht nicht das Ziel. Es ist das Ergebnis, welches sich einstellt, wenn wir alle unsere Grundbedürfnisse respektieren und diese in einer adäquaten, angemessenen Weise befriedigen. Daraus entstehen dann die positiven Emotionen, zu denen eben auch das wahrscheinlich höchste aller Gefühle, das Glück zählt. Ebenso wie aus der dauerhaften Nichtbefriedigung unserer Grundbedürfnisse das wahrscheinlich fürchterlichste aller Gefühle, das Unglück entsteht.

Das nächste Kapitel handelt von der »Sprache der Emotionen«. Man muss sie verstehen, um sich im Bereich der emotionalen Führung grundlegend weiterzuentwickeln. Bis jetzt haben wir uns – im übertragenen Sinn – damit beschäftigt, ob jemand lateinisch oder beispielsweise japanisch spricht. Nun geht es darum, diese Sprachen zu verstehen.

2 Wenn Gefühle lügen

Emotionen begleiten uns durch den Tag, durch das gesamte Leben. Unsere eigenen und die der Menschen, die uns umgeben. Meist nehmen wir diese Emotionen gar nicht oder nur am Rande wahr. Sie sprechen mit uns, ohne dass wir sie wirklich hören. Erst wenn die Gefühle richtig stark und laut werden, können wir uns ihnen nicht mehr entziehen und müssen ihnen zuhören. Sie schreien uns dann förmlich an. Negativ empfundene Gefühle wie Angst oder Schuld und positive wie Stolz oder Glück. Horchen Sie doch jetzt mal kurz in sich hinein. Welches Gefühl empfinden Sie gerade und was sagt das aus über die Situation, in der Sie sich gerade befinden, oder über Sie selbst?

All diese Gefühle sind von großer Wichtigkeit. Sie helfen uns, uns im Leben zurechtzufinden. Das Gefühl der Angst sagt uns, dass wir in Gefahr sind oder eine Gefahr droht. Das Gefühl der Schuld, dass wir die Rechte eines anderen Menschen verletzt haben. Das Gefühl des Stolzes, dass wir eine tolle Leistung erbracht haben. Das Gefühl der Zuversicht, dass alles gut werden wird. Zumindest sollte es so sein. Dass es häufig aber nicht so ist, wissen Sie zur Genüge. Oder haben Sie etwa noch nie Angst empfunden und im Nachhinein festgestellt, dass gar keine Gefahr bestand bzw. diese bei Weitem nicht so groß war, wie Ihr Gefühl Ihnen signalisiert hat?

Vielleicht sagen Sie sich: »Ja und, was ist daran nun neu? Das ist doch klar!« Nein, ist es eben nicht. Der Mehrzahl der Menschen ist keineswegs bewusst, was ihre Gefühle und die

Gefühle anderer ihnen sagen. Und so ist es mit den Gefühlen wie mit einer Sprache, die wir eigentlich nicht verstehen. Nein, noch erstaunlicher: Es ist eine Sprache, die wir selbst sprechen, aber dennoch nicht verstehen. Ist es nicht unglaublich, dass es so etwas überhaupt gibt?

Dabei ist es gar nicht so schwer, diese Sprache zu verstehen. Wir müssen lediglich uns selbst und anderen genauer zuhören und einige Vokabeln lernen.

Die Sprache der Emotionen

Wie gerade erläutert, entsteht die Mehrzahl der Emotionen, die wir tagtäglich empfinden, aus der Verletzung oder Befriedigung unserer Grundbedürfnisse. Ebenso wie Müdigkeit uns signalisiert, dass unser physiologisches Grundbedürfnis nach Schlaf und Erholung befriedigt werden muss, sagt uns eine positive bzw. negative Emotion, dass gerade etwas richtig bzw. falsch mit einem unserer Grundbedürfnisse läuft und wir gegebenenfalls aktiv werden und wieder Kohärenz herstellen müssen. Das Besondere hier ist nun, und man muss wohl sagen, dass es *leider* so ist, dass wir nicht immer direkt von dem Gefühl auf das Bedürfnis schließen können. Was ist damit gemeint?

Hunger ist unweigerlich an das Bedürfnis nach Nahrung, Durst an das Bedürfnis nach Flüssigkeit und Müdigkeit an das Bedürfnis nach Schlaf gekoppelt. Bei den psychologischen Pendants, den Emotionen, ist dies nicht der Fall. Lassen Sie uns, um dies zu verdeutlichen, einmal genauer auf die Emotion Angst schauen. Das Gefühl der Angst sagt uns mit sehr großer Sicherheit zwei Dinge:

1. Es wird gerade ein Grundbedürfnis verletzt.
2. Es besteht eine dem Gefühl mehr oder weniger entsprechende Gefahr.

Das ist schon eine ganze Menge an Information, aber sie ist noch nicht ganz vollständig und in der Regel auch nicht ausreichend, um sinnvolle Maßnahmen einzuleiten.

Nehmen wir hier noch einmal das Beispiel des Mitarbeiters, der vor drei Stunden seine fristlose Kündigung auf den Tisch geknallt bekommen hat und nun Angst empfindet. Wir können nun zwar sagen, dass er eine Gefahr wahrnimmt, sonst hätte er keine Angst, wir wissen aber noch nicht, auf welches Grundbedürfnis sich diese Angst bezieht. Folgende Varianten (von vielen) sind denkbar:

- Der Mitarbeiter hat Angst, weil er befürchtet, seine Kredite und die Altersvorsorge nicht mehr so bedienen zu können, wie er es sich vorgenommen hatte und was ihm eine sichere Rente garantiert hätte. Also wird vor allem sein Bedürfnis nach Orientierung und Kontrolle verletzt.
- Der Mitarbeiter hat Angst, weil er nicht weiß, was er seinen Nachbarn sagen soll, die sehen werden, dass er morgens nicht mehr zur Arbeit geht, und er fürchtet, an Ansehen zu verlieren. In diesem Fall wird sein Bedürfnis nach Selbstwertschutz und Selbstwerterhöhung verletzt.
- Der Mitarbeiter hat Angst, weil er gerne für dieses Unternehmen gearbeitet und enorm viel Freude an seiner Arbeit gehabt hat und dies nun von einem Tag auf den anderen nicht mehr haben wird. Er befürchtet, nie wieder so einen tollen Job zu finden, und entsprechend geht es für ihn vor allem um sein Bedürfnis nach Lustgewinn.
- Der Mitarbeiter hat Angst, weil er, außer zu seinen Kollegen, kaum private Kontakte hat und er außerdem immer sehr stolz war, für dieses Unternehmen zu arbeiten, und nun nicht mehr Teil dieser Gemeinschaft ist. Er hat Angst, alleine zu sein. Sein Bedürfnis nach Bindung wird verletzt.

- Der Mitarbeiter hat Angst, weil seine Karriere immer an erster Stelle gestanden hat, er alles dafür geopfert hat und es niemals für möglich gehalten hätte, gekündigt zu werden. Sein Selbst- und Weltbild geraten gerade vollkommen aus den Fugen, sein Bedürfnis nach Kohärenz leidet. Ihm ist unklar, wo er nun steht, und er fürchtet, dieses Gleichgewicht nicht mehr zu finden.

Die Person kann also vor ganz unterschiedlichen Dingen Angst haben. Die Emotion kann sich entsprechend nur auf ein Grundbedürfnis, aber auch auf mehrere und sogar auf alle fünf beziehen.

Um herauszufinden, woher die Emotion kommt, bleibt dem Betroffenen nur eine Möglichkeit: Er muss reflektieren, wovor er Angst hat, also wo er eine Gefahr sieht. Dies ermöglicht es ihm herauszufinden, ob er sich beispielsweise eher fürchtet, die Kontrolle oder an Ansehen zu verlieren. Wer das weiß, kann sinnvolle Gegenmaßnahmen einleiten. Jemand, der sich davor fürchtet, an Ansehen zu verlieren, kann beispielsweise versuchen, sich mit Sätzen wie »Das kann jedem mal passieren« zu wappnen, wenn er einem Nachbarn auf der Treppe begegnet. Er sollte der Situation aber tunlichst nicht aus dem Weg gehen, indem er seine Wohnung nur dann verlässt, wenn er niemanden im Treppenhaus vermutet. Denn damit würde er nur weiter seinen angegriffenen Selbstwert beschädigen. Wer Angst hat, die Kontrolle über sein Leben zu verlieren, wird dagegen sehr schnell versuchen, einen neuen Job zu finden.

All dies sollte man bedenken, wenn man, wie zum Beispiel als Führungskraft, mit anderen interagiert. Mag sein, Sie finden heraus, dass jemand Angst hat. Gehen Sie aber bitte nicht davon aus, dass Ihre Hypothesen, warum das so ist, auch zutreffen. Sie sollten erst einmal nachfragen. Ansonsten können Sie leicht in eine Situation kommen, in der Sie sagen: »Ich verstehe! Sie haben Angst, nie wieder einen Job zu finden und Ihre Schulden nicht bezahlen zu können«, und Ihr Gegenüber antwortet Ihnen: »Nein, überhaupt nicht! Ich habe Angst, nie wieder mit so tollen Menschen zusammenarbeiten zu können.«

Ebenso wie hinter der Emotion Angst das Thema »zukünftige Gefahr« (im oben geschilderten Fall handelte es sich um Selbstwertbeschädigung, Kontrollverlust, Alleinsein, Unlust und Verlust des Lebenssinns) steht, ist dies auch bei anderen Emotionen der Fall. Die beiden Tabellen zeigen Ihnen die durch Dr. Andrew Shatté von der University of Arizona herausgearbeiteten Themen der wichtigsten menschlichen Emotionen.

Bezogen auf **negative Emotionen** sind dies:

Emotion	Thema der Emotion
Angst	Zukünftige Gefahr
Schuld	Verletzung der Rechte anderer
Ärger	Verletzung der eigenen Rechte
Traurigkeit	Verlust
Peinlichkeit	Verlorenes Standing
Scham	Durch einen selbst verursachte Verletzung seiner Werte/Standards
Frustration	Fehlende (eigene oder externe) Ressourcen zur Problemlösung
Enttäuschung	Nicht erfüllte Erwartungen

Bezogen auf **positive Emotionen** sind dies:

Emotion	Thema der Emotion
Glück	Alles ist so, wie es sein soll
Freude	Es passiert etwas Gutes
Stolz	Eine gute Leistung erbracht haben

Demut	Realistisches Selbstbild/den Blick fürs Ganze haben
Liebe	Mit einem anderen zusammen sein wollen/sich gegenseitig Kraft geben
Zufriedenheit	Alles haben, was man braucht
Ansehen/Respekt	Menschen denken gut über einen
Zuversicht/Gelassenheit	Es wird gut werden/man wird einen Weg finden
Leidenschaft	Das tun, wofür man brennt
Positiver Selbstwert	Man selbst ist o.k. Mit seinen Stärken und Schwächen

Überblättern Sie diese beiden Tabellen bitte nicht! Sie sind von entscheidender Bedeutung, wenn Sie Ihre emotionale Intelligenz und somit Ihre Fähigkeit, mit Ihren eigenen und den Emotionen anderer Menschen umzugehen, weiterentwickeln möchten.

Auch wenn Ihnen dies wahrscheinlich wenig attraktiv erscheint, da es Sie an Ihre Schulzeit erinnern wird, möchte ich Sie an dieser Stelle (und ich verspreche, es ist das einzige Mal in diesem Buch) einladen, die beiden Tabellen auswendig zu lernen oder zumindest genau zu studieren. Ich habe in der Einleitung zu diesem Kapitel geschrieben, dass es darum geht, eine Sprache zu lernen. Die Vokabeln, die Sie dafür benötigen, sind in den beiden Tabellen aufgelistet. Mehr benötigen Sie nicht. Nehmen Sie sich also gerne ein Blatt Papier und prägen Sie sich von oben nach unten Zeile für Zeile ein. Dann können Sie die Emotionen verdecken und versuchen, von dem Thema auf das Gefühl zu schließen. Welches Gefühl empfindet also wahrscheinlich jemand, dem bewusst wird (oder der sich bewusst macht), dass er alles hat, was er braucht? Welches Gefühl, wenn er hört (oder sich bewusst macht), dass andere gut über ihn denken? Welche Emotion hat jemand, dessen Rechte gerade verletzt werden, und was empfindet jemand, der gegen seine eigenen Überzeugungen und Werte verstößt?

Wenn Sie diese Vokabeln »draufhaben«, haben Sie einen großen Schritt bei der Entwicklung Ihrer emotionalen Intelligenz und im Bereich des Emotional Leading gemacht. Neben der Information, dass unsere Grundbedürfnisse verletzt oder befriedigt werden, liefern uns unsere Emotionen nämlich noch ganz andere, ebenso wichtige und detaillierte Hinweise: eben genau die, die Sie in den beiden Tabellen finden. Diese Informationen sind dann auch der Schlüssel zu sinnvollen Gegenmaßnahmen, um die negativen Effekte einer Situation abzumildern oder zu beenden. Sei es bei sich selbst oder bei anderen.

Glauben Sie nicht alles, was Sie fühlen

Sie sind auf eine Party bei dem Freund einer Freundin eingeladen. Es ist zwei Uhr morgens, die Party ist in vollem Gange, alle, auch Sie, haben deutlich zu viel getrunken. Plötzlich fällt Ihnen ein Zweihunderteuroschein auf, der auf einem kleinen Tischchen liegt. Sie schauen sich kurz um, niemand blickt in Ihre Richtung, Sie stecken den Schein reflexartig ein und feiern weiter, bis Sie schließlich um vier Uhr morgens nach Hause gehen. Besser gesagt, nach Hause torkeln.

Am nächsten Tag, es ist ein Sonntag, stehen Sie erst gegen elf Uhr auf. Ihr Partner ist mit den Kindern bei den Großeltern. Sie ziehen Ihre Jeans vom Vorabend und ein frisches T-Shirt an, machen sich erst einmal einen Kaffee und lösen eine Kopfschmerztablette in einem Glas Wasser auf. So wild haben Sie schon seit sehr langer Zeit nicht mehr gefeiert. Während Sie darauf warten, dass der Kaffee fertig ist, vergraben Sie Ihre Hände in den Hosentaschen. Ihnen ist ein wenig kalt. Sie spüren in der rechten Tasche etwas, das sich wie ein zerknülltes Stück Papier anfühlt. Für Papier ist es aber zu dick und zu fest. Sie ziehen es aus Ihrer Hosentasche und haben zu Ihrem Erstaunen einen Zweihunderteuroschein in der Hand. Plötzlich fällt Ihnen wieder ein, dass Sie diesen gestern in einem ziemlich alkoholisierten Zustand einfach eingesteckt haben. Das Gefühl, das Sie empfinden, ist aber nicht Freude (»Es passiert etwas Gutes«). Nein, Sie schämen sich und haben Schuldgefühle. Warum? Weil Sie nicht nur Ihre eigenen Werte verletzt haben (Scham) und somit wahrscheinlich Ihr Bedürfnis nach Kohärenz und Stimmigkeit, sondern auch die Rechte eines anderen Menschen (Schuld) und somit wahrscheinlich Ihr Bedürfnis nach Bindung. Ihnen droht der Ausschluss aus einer Gemeinschaft, wenn dies herauskommt.

Entsprechend werden Sie wahrscheinlich sofort anfangen zu überlegen, was Sie nun tun können, um wieder Kohärenz herzustellen. Sollen Sie Ihre Tat, in der Hoffnung, dass Sie niemand gesehen hat, verschweigen? Dann bleiben aber die Scham- und Schuldgefühle. Oder sollen Sie den Bekannten, der die Party organisiert hat, sofort anrufen und ihm gestehen, dass Ihnen in betrunkenem Zustand ein Missgeschick passiert ist, und sich dafür entschuldigen? Aber dann droht die Gefahr, dass dieser es allen erzählt (das wird er ganz bestimmt tun), was wiederum zu Peinlichkeit (verlorenes Standing) führen würde. Eine ziemlich blöde Situation, in die Sie sich da gebracht haben. Vielleicht wäre es ja die beste Lösung, das Geld einfach anonym zurückzusenden.

Dieses Beispiel (eines von vielen möglichen) veranschaulicht, wie wichtig Emotionen für uns Menschen sind. Dass Scham- und Schuldgefühle in dieser Situation aufkommen, empfindet wahrscheinlich die Mehrzahl der Leser dieses Buchs als vollkommen normal. Man stiehlt anderen Menschen kein Geld und ganz besonders dann nicht, wenn es Freunde von Freunden sind. Die Emotion zeigt uns dies und wird die Wahrscheinlichkeit, dass wir dies in Zukunft erneut tun, drastisch verringern bzw. die Wahrscheinlichkeit erhöhen, dass wir das Geschehene rückgängig machen. Die dabei empfundene Emotion folgt natürlich erlernten gesellschaftlichen und ethischen Normen. Entsprechend hat die Mehrzahl der Menschen im Laufe ihrer Sozialisation eben gelernt, dass »man so etwas nicht tut« und empfindet Scham- und Schuldgefühle, wenn sie dagegen verstößt.

Ein Kind oder Jugendlicher, das bzw. der in einem stark kriminellen Umfeld aufwächst, in dem vor allem derjenige etwas wert ist und dazugehört, der besonders geschickt andere bestiehlt oder betrügt, wird solche Scham- und Schuldgefühle wahrscheinlich gar nicht oder deutlich weniger stark empfinden. Oder er beruhigt sich nach einer solchen Tat mit mentalen Strategien, indem er sich zum Beispiel sagt, »dass der andere doch genug Geld hat« oder »dass er halt aufpassen muss, wo er sein Geld liegen lässt. Selbst schuld! Wieso bringt er mich eigentlich in eine solche Versuchung!«. Er wird vielleicht sogar Stolz empfinden und Respekt erfahren, weil er nach Meinung der Gemeinschaft, zu der er sich zugehörig fühlt, eine *tolle Leistung* erbracht hat und deshalb ein *gestiegenes Ansehen* genießt.

Und genau dieses Beispiel zeigt, dass Sie nicht alles glauben sollen, was Sie fühlen! Auch das gehört dazu, wenn Sie sich im Bereich der emotionalen Führung weiterentwickeln möchten.

Unsere Emotionen sind sehr häufig ganz ausgezeichnete Ratgeber. Wenn jemand eine Woche vor einer wichtigen Prüfung immer noch nichts gelernt hat und nachts schweißgebadet und voller Angst aufwacht, dann ist das eine Reaktion, die ich als *emotional intelligent* bzw., ich führe einen neuen Begriff ein, als *emotional reif* bezeichne. Schließlich steht viel auf dem Spiel für die Zukunft, wenn derjenige die Prüfung nicht besteht. Vielleicht ist er ja schon einmal durch die Prüfung gefallen und es ist seine letzte Chance, die Ausbildung erfolgreich abzuschließen. Seine Angst sagt ihm dann, dass es nun wirklich höchste

Zeit ist, mit dem Lernen zu beginnen. Wer aber schon sechs Monate vor der Prüfung vor lauter Angst nicht mehr schlafen kann und permanent von lähmenden Gedanken an ein Versagen und von Selbstzweifeln geplagt ist, zeigt eine *emotional unreife* Reaktion. Insbesondere dann, wenn die Person in der Vergangenheit schon mehrfach bewiesen hat, dass sie alle Fähigkeiten besitzt, die Prüfung mit Bravour zu bestehen. Wie Sie auch daran erkennen können, sind unsere Emotionen häufig, aber eben nicht immer gute Ratgeber für unser Handeln. Was vor allem daran liegt, dass sie in sehr hohem Maße von der Art und Weise, wie wir sozialisiert wurden, den daraus entstandenen Wertvorstellungen und somit unserer Art, über uns und die Welt zu denken, abhängen.

Wenn jemand also so denkt – ich möchte es als *inakkurat*, also der Situation wenig entsprechend, oder eben *unreif* bezeichnen – bzw. solche Wertvorstellungen hat, dann wird er auch *inakkurate* Gefühle haben bzw. *unreif* fühlen. Diese Erkenntnis ist wichtig, weil die meisten Menschen einen deutlich besseren Zugang zu ihren Gefühlen haben als zu dem, was sie denken. Wir können zwar mit etwas Konzentration unsere Gedanken, den »Nachrichtenticker in unserem Kopf«, wahrnehmen (und uns im Übrigen über das, was uns da so durch den Kopf schwirrt, manchmal ganz schön wundern und amüsieren), aber häufig sind diese Gedanken doch sehr flüchtig, wenig greifbar. Das ist bei unseren Emotionen weniger der Fall, insbesondere dann, wenn diese sehr stark werden. Starker Ärger etwa ist sehr präsent, er kann von den meisten Menschen auch entsprechend benannt werden und ist, anders als unsere Gedanken, auch nicht gleich wieder weg. Er dauert an. So haben wir dann auch, wenn wir ein paar Mal durchgeatmet und uns nicht gleich vom Ärger haben mitreißen lassen, die Möglichkeit zu reflektieren, ob dieses Gefühl nun *reif* bzw. *akkurat* ist. Wir haben, anders ausgedrückt und um bei der Sprache der Emotionen zu bleiben, also im Falle von Ärger die Möglichkeit zu überprüfen, ob *unsere Rechte gerade wirklich so stark verletzt werden*, wie es uns die Stärke der Emotion signalisiert. Liegt es wirklich an der Situation oder ist es nicht vielleicht doch eher eine verquere Sichtweise, die dazu führt, dass wir gerade so starke Emotionen empfinden?

Diese zutiefst menschliche Empfindung der Angemessenheit hat, ohne dass es der überwiegenden Mehrheit bewusst wäre, schon längst ihren Weg in den allgemeinen Sprachgebrauch gefunden. Auch in Ihren. Das äußert sich in Sätzen wie »Du hast recht, stolz zu sein!«, »Du hast recht, dich zu ärgern« oder »Du hast recht, traurig zu sein«. Das Wort »recht« bedeutet nichts anderes, als dass die Person, die den Satz sagt, die empfundene Emotion für *richtig*, also akkurat und der Situation angemessen hält. Sie nimmt eine auf ihren ganz eigenen Wertvorstellungen basierende Bewertung vor. In diesem Fall passen die Wertvorstellungen der beiden Personen zusammen. Interessanterweise wird diese Bewertung aber häufig nur dann geäußert, wenn jemand mit der Emotion des Gegenübers einverstanden ist. Ist dies nicht der Fall, halten sich viele Menschen lieber bedeckt, da sie mit Aussagen wie »Ich sehe eigentlich keinen Grund dafür, so stolz zu sein« oder »Ich finde, du übertreibst es mit deiner Angst« dem Gegenüber doch sehr nahetreten. Wie haben Sie das letzte Mal reagiert, als Ihnen jemand gesagt hat, dass Sie sich zu sehr über etwas aufregen? Die wenigsten hören gerne, dass sie *falsch* fühlen. Und das, obwohl in solchen Aussagen deutlich mehr Erkenntnispotenzial stecken könnte als in einer Bestätigung der Richtigkeit des emotionalen Zustandes, die im Übrigen häufig auch nur *Mitgefühl* zeigen soll. Sie können also den emotionalen Zustand des Gegenübers beobachten, mit seiner persönlichen Situation abgleichen und nehmen ganz automatisch und unbewusst eine Bewertung bezüglich der *Richtigkeit* dieser Emotion vor. Entsprechend sollte also auch nichts dagegensprechen, dies alles bei sich selbst zu tun. Oder?

Wir kennen, vereinfacht ausgedrückt, drei unterschiedliche Möglichkeiten, wie ein Mensch im Verhältnis zu einer Situation emotional reagieren kann. Zwei davon sind inakkurat, also unreif, und eine davon ist akkurat. Ich habe versucht dies mit dem »Sechs-Kreise-Modell« darzustellen und verwende dieses auch sehr gerne in Trainings und Coachings, da es leicht verständlich ist.

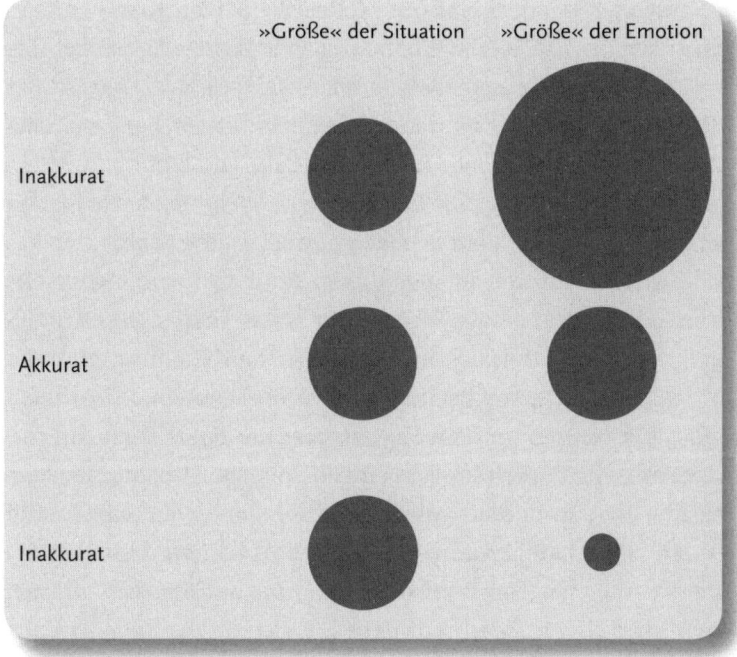

Das Sechs-Kreise-Modell

In den weiter oben geschilderten Beispielen handelt es sich um akkurate Emotionen, also Schuldgefühle nach einem Diebstahl bzw. Angst eine Woche vor einer wichtigen Prüfung. Im einen Fall wurde gegen festgelegte gesellschaftliche Normen verstoßen und im anderen Fall droht tatsächlich eine Gefahr. Würde man hundert Menschen fragen, ob diese Gefühle »zu Recht« bestehen und ob sie in ihrer Größe angemessen sind, würden wahrscheinlich alle die Frage mit Ja beantworten. Und wären es nur 95, würden wir immer noch von einer akkuraten Reaktion sprechen.

In Bezug auf die inakkuraten Reaktionen gibt es zwei Möglichkeiten. Einerseits kann die Emotion deutlich kleiner sein, als es angemessen erscheint (im Modell die beiden Kreise unten). Das wäre der Fall, wenn jemand nur sehr geringe Schuldgefühle hat, nachdem er einem Bekannten etwas gestohlen hat. Außer die Person hat einen sehr guten Grund dafür, ist dies eine emotional unreife Reaktion. Andererseits kann die Emotion überzogen sein (in der Grafik die beiden Kreise oben). Beispiele hierfür kann man tagtäglich auf deutschen Autobahnen beobachten.

Ein Auto kommt auf der linken Spur mit sehr hoher Geschwindigkeit angerast. Der Fahrer muss seine Geschwindigkeit von 200 auf 120 km/h drosseln, weil vor ihm ein Auto auf seine Spur gewechselt ist und einen Lastwagen überholen will. Wir nehmen in dem Fall an, dass der Fahrer, der mit 120 überholt, alle Verkehrsregeln eingehalten hat, also zum Beispiel rechtzeitig den Blinker gesetzt hat und den Sicherheitsabstand wahrt. Sehr häufig kann man nun beobachten, dass sich die Person, die abbremsen muss, wahnsinnig aufregt. Sie wird sich sehr stark ärgern, weil (erinnern Sie sich an die Tabellen) aus ihrer Sicht gerade ihre Rechte bzw. Grundbedürfnisse verletzt werden: das Bedürfnis nach Kontrolle (»Ich entscheide, wann ich bremse und lasse es mir nicht von jemand anderem diktieren«) und/oder nach Selbstwerterhöhung und Selbstwertschutz (»Der andere Autofahrer respektiert mich nicht«). Es kann aber auch das Bedürfnis nach Lustgewinn sein (»Och, jetzt wollte ich mal richtig schön schnell fahren und Spaß dabei haben«). Ganz unabhängig vom verletzten Grundbedürfnis betrachtet die Person also, überspitzt ausgedrückt, die Fahrbahn als ihre ganz persönliche, die quasi niemand sonst frei benutzen darf. Dass dies vollkommener Blödsinn ist und somit auch die dazugehörige Emotion, der Ärger, braucht man an dieser Stelle nicht zu betonen. Die Tatsache, dass sich trotzdem so viele Menschen darüber aufregen, sagt, wie ich finde, doch so einiges über unsere Gesellschaft (ja, es ist auch Ihre) und über einige der in dieser Gesellschaft gelebten Werte aus.

Sie können diese emotional unreifen Reaktionen übrigens auch bei gebildeten und häufig erst einmal reif wirkenden Menschen beobachten. Nehmen Sie einen Jürgen Klopp und seine Wutausbrüche am Spielfeldrand während Fußballspielen. Viele mögen diese Emotionalität toll finden, aber man kann es ganz bestimmt keine emotional reife Reaktion nennen. Es wirkt eher etwas kindisch und überzogen. Sollten Sie dies anders sehen, achten Sie mal auf Jürgen Klopps Reaktion, wenn er mit diesen Bildern nach einem Spiel während eines Interviews konfrontiert wird. Es ist ihm oft peinlich und er scheint sich insgeheim zu wünschen, anders reagiert zu haben. Oder, um es noch deutlicher zu machen: Was würden Sie zu Ihrem Sohn sagen, wenn Sie während seiner Fußballspiele vergleichbare Wutausbrüche, die ihm schon einige gelbe und rote Karten eingetragen haben, beobachten würden? Ist nicht auch Jürgen Klopp schon mehrmals des Platzes verwiesen worden und hat damit seiner Mannschaft geschadet?

Für übertriebene Emotionen gibt es unzählige Beispiele. Wer hat nicht schon einmal Schuldgefühle gegenüber einer anderen Person gehabt, um später in einem Gespräch festzustellen, dass diese gar nicht der Meinung ist, ihre Rechte seien verletzt worden? Und wer war nicht schon einmal sehr frustriert, weil er das Gefühl hatte, nicht genügend Ressourcen zu haben, um ein Problem zu lösen, und hat es dann plötzlich doch aus eigener Kraft geschafft?

Zur Erläuterung des Sechs-Kreise-Modells habe ich bisher nur Beispiele aus dem Bereich der negativen Emotionen herangezogen. Natürlich gilt das aber auch für positive Emotionen. So kann beispielsweise jemand nach einer gerade vollbrachten Leistung wahnsinnig stolz sein und ein an Größenwahn grenzendes Gefühl empfinden, während hundert andere das Ereignis als gut, aber vielleicht nicht so gut einschätzen würden, wie es die Person selbst tut. Der Begriff (Größen-)Wahn kommt da also nicht von ungefähr. Ebenso trifft man aber auch immer wieder Menschen, die ganz Großartiges vollbringen, sich eigentlich sehr darüber freuen könnten, es aber nicht tun bzw. deutlich weniger tun, als es die anderen erwarten würden. Auch in diesen beiden Fällen spreche ich von einer emotional unreifen bzw. einer emotional inakkuraten Reaktion. Beide Personen tragen etwas in sich, das sie daran hindert, so zu reagieren, wie es angemessen erscheint.

Es sei an dieser Stelle betont, dass ich mir nicht anmaßen möchte, in jedem Fall beurteilen zu können, was nun eine emotional reife bzw. unreife Emotion und somit auch Reaktion ist. Manchmal erscheint es ganz offensichtlich und in wiederum anderen Fällen ist es gar nicht so einfach zu unterscheiden. Dazu existieren einfach zu viele Graustufen zwischen den von mir geschilderten Extremen. Ebenso gibt es weltweit sehr große kulturelle Unterschiede und diese drücken sich eben auch in der Art, wie wir emotional reagieren, aus. Menschen aus dem nördlichen Europa tragen ihren Ärger oder ihre Freude ganz anders vor sich her, wenn überhaupt, als dies Menschen aus dem südlichen Europa tun. Ich selbst bin halber Südfranzose und zwanzig Kilometer von der spanischen Grenze entfernt aufgewachsen. Dort ist es ein wichtiger *Wert* (ein Wort, das nicht mit *wertvoll* gleichgesetzt werden sollte), seinen Ärger auch möglichst intensiv zu zeigen, indem man laut flucht und wild gestikuliert, während man ein solches Verhalten in Norwegen oder in asiatischen Ländern wohl nur milde belächeln würde. Dort würde ich mit einer solchen Reaktion gegebenenfalls sogar mein Gesicht verlieren. Daran zeigt sich, dass die Beurteilung, ob eine emotionale Reaktion nun akkurat oder inakkurat ist, sofern man diese Entscheidung treffen möchte, auch immer auf der Basis der gesellschaftlichen und kulturellen Normen vorgenommen werden muss. Trotzdem gibt es aus meiner Sicht zwei Wege, dieses kleine Dilemma zumindest ein wenig zu lösen.

Eine Möglichkeit ist, die Person selbst urteilen zu lassen. Jeder muss am Ende des Tages selbst entscheiden, ob er sich emotional reif oder eher unreif in einer Situation verhalten hat. Ein Beispiel: Befindet man sich als Coach oder als Führungskraft in einer Beratungssituation bzw. einem Mitarbeitergespräch, kann man die Person fragen, wie sie ihre Emotion einschätzt. Findet sie, dass die Größe der Emotion der Situation entspricht? Ich zeichne dann immer die sechs Kreise auf ein Blatt Papier, erläutere das Modell kurz und bitte die Person anzugeben, welche der drei Möglichkeiten aus ihrer Sicht am ehesten zutrifft. Ich versichere Ihnen, dass mein Gegenüber nur sehr selten zu einer anderen Einschätzung kommt als ich selbst. Aber die Person hat es selbst entdeckt und das ist deutlich angenehmer und auch zielführender, als wenn sich jemand vor einem aufbaut und sagt, dass er oder sie emotional unreif reagiert, so wie ich es eben selbst am Beispiel von Jürgen Klopp gemacht habe.

Der zweite Weg ist, akkurate bzw. inakkurate emotionale Reaktionen nicht per se als etwas Gutes oder Schlechtes anzusehen. (Sie erinnern sich vielleicht, dass ich in dem Kapitel zu den psychologischen Grundbedürfnissen bereits erwähnt habe, dass wir Menschen Dinge immer in gut oder schlecht einteilen wollen.) Aus Erfahrung weiß ich, dass inakkurate Emotionen durchaus auch etwas Positives in sich tragen können. Das zeigt sich, wenn sich jemand durch immer wiederkehrende Übung eine eigentlich sinnvolle und schützende Emotion quasi abtrainiert hat. Also, wenn Bergsteiger ohne jegliche Angst in einer Steilwand klettern oder Menschen vollkommen gelassen vor tausend Menschen eine Rede halten. Sie sehen nicht mehr die Gefahr, die sie noch bei den ersten Malen verspürt haben, und empfinden keine Angst, was natürlich den Vorteil hat, dass sie die Situation entspannt und souverän meistern können. Es birgt aber die Gefahr, und dessen sollten sich diese Menschen, auch wenn es ein wenig masochistisch anmutet, bewusst sein, dass sie die Situation unterschätzen und sich deshalb nicht mehr vollkommen angemessen verhalten. Der Bergsteiger geht dann zu viele Risiken ein und der Redner bereitet sich nicht mehr ausreichend auf einen Vortrag vor. Ebenso kann es, im positiven Sinne, sein, dass ein Mensch ein enorm großes Begeisterungsgefühl für eine neue Aufgabe erlebt, obwohl dies erst einmal inakkurat erscheint bzw. die Aufgabe gegebenenfalls deutlich schwerer ist, als die Person annimmt. Sie ist quasi blind vor Emotion und Motivation für das anstehende Projekt. Von Vorteil kann aber sein, dass die Person durch die verspürte Energie eine deutlich größere Bereitschaft hat, sich anzustrengen und das Ziel zu erreichen, während andere Personen der Sache sowohl gedanklich als auch emotional *akkurat skeptisch* gegenüberstehen und somit auch die Wahrscheinlichkeit verringern, das Ziel zu erreichen.

Entsprechend bleibt, um für sich selbst eine Entscheidung zu treffen (denn das kann man tatsächlich nur selbst), nur *der Weg über den mit unserem Verhalten angerichteten Schaden.* Damit meine ich, dass vor allem dann Handlungsbedarf für einen selbst besteht, wenn man sich mit seinen unreifen emotionalen Reaktionen selbst und/oder anderen schadet. Häufig trifft man auf solche Menschen im Coaching und, bei klinischen Fällen, in Psychotherapien. Diese Menschen ärgern sich mehr, als es angebracht ist, und entwickeln in der Folge selbst Magengeschwüre oder die anderen bekommen sie. Menschen, die mehr Angst haben, als sie eigentlich müssten, bleiben weit unter ihren Möglichkeiten oder quälen sich unter (befürchtetem?) Druck unnötig. Menschen, die übertriebene Schuldgefühle haben, sind permanent in Sorge, die Rechte eines anderen verletzt zu haben. Und Menschen, die frustrierter, trauriger und hoffnungsloser sind, als es ihrer Lage entspricht, und die die Stärken und Fähigkeiten in sich tragen, um Probleme zu lösen, können diese einfach nicht erkennen. Es gibt aber auch Menschen, die sich weniger freuen, als sie könnten, und die weniger stolz sind, als sie es sein könnten. Diejenigen, die stolzer oder mutiger sind, als sie eigentlich sein sollten, sehen wir als Coaches in der Regel nicht in der Beratung. Bei ihnen läuft ja alles bestens. Ihnen geht es erst einmal gut.

All dies wird durch ein weiteres sehr gut untersuchtes psychologisches Phänomen unterstützt: das *emotionale Argumentieren*. Dieses verstärkt in hohem Maße die im Sechs-Kreise-Modell geschilderten Effekte und ist, neben unseren manchmal verqueren Sichtweisen, der zweite Grund, warum Sie nicht alles glauben sollten, was Sie fühlen. Was hat es damit auf sich?

Wie gerade dargelegt, ist unsere Einschätzung einer Situation bzw. von uns selbst ganz entscheidend dafür verantwortlich, welche Emotion wir verspüren und wie groß diese ist. Je akkurater wir etwas einschätzen, desto akkurater werden wir auch situationsspezifisch fühlen. So lautet erst einmal eine der am besten untersuchten Annahmen der Psychologie.

Von Bedeutung ist hier der Teufelskreis, in den man über das emotionale Argumentieren auf der Basis einer inakkuraten Einschätzung gelangen kann.

Hierzu ein Beispiel:

Ihr Vorgesetzter sagt Ihnen im Rahmen Ihres wöchentlichen Jour fixe, dass Sie ihn nächste Woche während eines Vorstandsmeetings vertreten und die Geschäftszahlen aus dem letzten

Quartal vorstellen sollen. Ihre ersten Gedanken dazu sind, dass Sie sich wahnsinnig blamieren werden, dass Sie so etwas hassen und nicht in der Lage sein werden, die Zahlen so zu präsentieren, wie Sie es von sich selbst erwarten. Ihre emotionale Reaktion ist Angst und diese sagt Ihnen, dass in naher Zukunft eine Gefahr droht. In diesem Fall bezieht sich die Angst vor allem auf das Bedürfnis nach Selbstwerterhöhung und Selbstwertschutz. Sie haben wahnsinnige Angst, an Ansehen zu verlieren. Nun läuft bei sehr vielen Menschen das erwähnte emotionale Argumentieren ab. Dabei wird die »Größe der Emotion« direkt als Beleg für die »Größe der Situation« genommen. Dies heißt dann übersetzt zum Beispiel:

- Wenn ich so große Angst habe, muss eine sehr große Gefahr bestehen.

Oder, nimmt man die anderen beschriebenen Situationen:

- Wenn ich so stolz bin, muss ich eine tolle Leistung vollbracht haben.
- Wenn ich keine Schuld empfinde, habe ich auch nicht die Rechte eines anderen verletzt.
- Wenn ich so angstfrei bin, besteht auch keine Gefahr.

Dieser Prozess kann Sie also in einen Teufelskreis führen. Aufgrund Ihrer inakkuraten gedanklichen Einschätzung der Situation (die Gefahr, sich zu blamieren, ist gar nicht so groß) empfinden Sie ein sehr starkes Angstgefühl. Dieses nehmen Sie mit allen Ihren Sinnen wahr. Das wiederum führt dazu, dass Sie schlussfolgern, also emotional argumentieren, dass tatsächlich eine große Gefahr besteht. Die Tatsache, dass die Angst durch eine Fehleinschätzung und nicht durch die Situation selbst ausgelöst wurde, ist Ihnen nicht klar. Und so führt der Weg, dass es einem besser geht, häufig darüber, durch eine kritische Selbst-reflexion genau dies zu erkennen und anzufangen, nicht die Situation, sondern sich selbst zu ändern.

Zusammenfassung

Sie haben in diesem Kapitel erfahren, dass Ihre Emotionen Ihnen in den allermeisten Fällen einen Hinweis darauf geben, ob Ihre psychologischen Grundbedürfnisse befriedigt oder verletzt werden. Da Sie jetzt die Sprache der Emotionen verstehen, wissen Sie, dass diese Emotionen Ihnen noch mehr Informationen liefern. Sie sagen Ihnen zum Beispiel, ob Sie in Gefahr sind, Sie Ihre eigenen Werte verletzt haben oder ob alles so ist, wie es sein soll. Genauso wie aber nun jemand Hunger haben kann, obwohl sein Körper gar keine Nahrung benötigt, können auch diese sehr sinnvollen emotionalen Regelkreise aus dem Gleichgewicht geraten. Ihre Emotionen können Ihnen dann zwei entscheidende Streiche spielen. Sie können Ihnen Fehlinformationen liefern, weil Ihre Art zu denken ganz einfach inakkurat ist, und sie können Ihnen Fehlinformationen liefern, weil Sie von der »Größe der Emotion« automatisch auf die »Größe der Situation« schließen. Sie argumentieren dann in einer emotionalen Art und Weise, was außerordentlich hilfreich ist, wenn Sie akkurat denken und somit fühlen. Es kann Sie aber ebenso in die Irre leiten, wenn Sie inakkurat denken und somit auch inakkurat fühlen.

Der Weg zu einem Emotional Leader führt somit immer über mehrere Schritte:

1. Die bewusstere Wahrnehmung unseren eigenen und der Emotionen anderer Menschen
2. Das Verständnis dafür, wie Emotionen entstehen und was sie uns sagen

3. Die bewusstere Steuerung unserer eigenen Emotionen
4. Die bewusstere Steuerung der Emotionen anderer Menschen

Mit den Punkten 1 und 2 haben wir uns bereits beschäftigt. Lassen Sie uns nun also auf die letzten beiden Punkte schauen und hier mit der Steuerung Ihrer eigenen Emotionen beginnen.

3 Emotional Leading: Sie selbst

Bevor wir uns im nächsten Kapitel anschauen, wie Sie das Konzept des Emotional Leading auf Ihre Mitarbeiter (sofern Sie Führungskraft sind oder werden) oder Kollegen (sofern Sie beispielsweise Projektleiter sind) anwenden können, möchte ich Sie einladen, erst einmal Ihre Aufmerksamkeit auf sich selbst zu richten. Man muss sich zwar nicht unbedingt selbst besonders gut führen können, um andere Menschen gut zu führen (in meiner Coachingpraxis habe ich zahlreiche exzellente Führungskräfte kennengelernt, die grottenschlechte »Selbstführer« waren), aber sich und die Prozesse, die in einem ablaufen, besser zu kennen, kann zumindest hilfreich sein, wenn man andere gut führen will. Ganz einfach, weil es Ihre empathische Fähigkeit, also die Fähigkeit, sich in andere Menschen hineinzuversetzen, schult. Wer selbst eine emotionale Situation, wie beispielsweise die Verletzung des eigenen Selbstwertes durch die harsche Kritik eines Vorgesetzten vor anderen Kollegen erlebt und diese Situation und seine Reaktion gut reflektiert hat, dem fällt es später leichter zu verstehen, was in einem Menschen vorgeht, der dies gerade auch erfahren hat und davon berichtet.

In den vorherigen Kapiteln haben wir gesehen, dass eine einmalige traumatische Verletzung oder eine dauerhafte Verletzung unserer Grundbedürfnisse zu psychischen Erkrankungen führen kann. Diese sind sehr häufig nichts anderes als Zustände dauerhafter negativer Emotionalität: Traurigkeit und Hoffnungslosigkeit bei Depressionen; Furcht bei Angst- oder

Zwangsstörungen. Es wurde auch dargelegt, dass Sie nicht alles glauben sollten, was Ihnen diese Gefühle mitteilen. Eine extreme Angst bedeutet nicht automatisch, dass eine große Gefahr besteht, und ein starkes Gefühl des Stolzes sagt Ihnen nicht automatisch, dass Sie gerade eine außergewöhnliche Leistung erbracht haben. Dies alles ist auf der Basis eines akkuraten Denkens erst noch zu prüfen und je häufiger Sie dies tun, desto akkurater werden Sie fühlen und mehr und mehr das entwickeln, was ich als *emotionale Reife* bezeichnet habe. Eine Reife, die Emotional Leader in ganz besonderer Weise auszeichnet.

Kleine Kinder haben eine solche Reife noch nicht. Wenn ich meinem Sohn, er ist gerade mal eineinhalb, zum Beispiel eine Schere wegnehme, die aus Versehen in seine Hände geraten ist, reagiert er, auch wenn ich versuche es ihm zu erklären, mit starker Wut und Ärger. Für ihn verletze ich gerade seine Rechte und wahrscheinlich auch seine Bedürfnisse nach Lustgewinn und nach Kontrolle. Nach Lustgewinn, weil er nicht mehr der Neugier, die er eben noch beim Erkunden des Gegenstandes empfunden hat, nachgehen kann. Nach Kontrolle, weil er natürlich selbst darüber entscheiden möchte, ob er mit der Schere spielt oder nicht. Die emotionale Reaktion ist zwar eine dem Alter durchaus angemessene, aber eigentlich eine unreife. Würde er schon verstehen können, dass er in großer Gefahr schwebt, würde er meine Reaktion nachvollziehen können, er würde dann akkurat denken und auf der Basis würde auch die emotionale Reaktion deutlich weniger stark ausfallen oder gar nicht auftreten. Er kann aber noch nicht in dieser Weise denken, und so kann auch die emotionale Reaktion erst einmal keine andere sein. Wenn alles gut läuft (und ich diesbezüglich einen guten Job als Vater mache) wird sich diese emotionale Reife aber im Laufe seiner Sozialisation, auf der Basis von Logik und unserer sozialen Normen entwickeln. Man braucht sich nur das

Beispiel des Autofahrers, der wie ein Wahnsinniger flucht, weil er von 200 auf 120 km/h abbremsen muss, weil jemand vor ihm gleichfalls überholen will, vor Augen zu führen, um sich zu verdeutlichen, dass die Entwicklung einer emotionalen Reife kein Selbstläufer ist. Dazu muss man auch immer mal wieder seinen Kopf einschalten. Mein Sohn kann das in seinem Alter noch nicht. Sie aber schon.

Drei Wege, um sich selbst emotional zu führen

Die Geschichte von Theo

Ich habe Theo (so soll er hier heißen) im Rahmen eines klassischen Coachings bei einem meiner Kunden kennengelernt. Eine Mitarbeiterin der Personalentwicklung war auf mich zugekommen und hatte mich gefragt, ob ich das Coaching einer ihrer Führungskräfte, Theo, übernehmen könne. Die Gründe teilte sie mir erst einmal nicht mit, sagte mir aber, dass ich aus ihrer Sicht gut als Coach passen würde. Sie berichtete mir, dass Theo sich bereits mit seinem Vorgesetzten abgestimmt hatte und beide eine solche Maßnahme für sinnvoll erachteten. Einerseits, weil sich Theo seit Jahren im Unternehmen sehr verdient gemacht hatte und schon lange nicht mehr »in den Genuss« einer Personalentwicklungsmaßnahme gekommen war. Andererseits, weil es ein zentrales Verhalten bei Theo gab, das sein weiteres Vorankommen innerhalb des Unternehmens, insbesondere aus Sicht seiner derzeitigen Führungskraft, stark behinderte. Nachdem ein Einzelgespräch zwischen Theo und mir stattgefunden hatte und auch – so wie es der Prozess bei mir vorsieht – ein Zielvereinbarungsgespräch zwischen dem Vorgesetzten von Theo, Theo und mir, hatten sich alle Parteien dafür entschieden, in einen Coachingprozess einzusteigen.

Theo hatte das Unternehmen in den letzten Jahren als ein Mitarbeiter der ersten Stunde mit aufgebaut. Es hatte sich von einem kleinen Garagenunternehmen zu einem soliden Mittelständler mit mehreren Tausend Mitarbeitern entwickelt. Er war immer eine treibende Kraft gewesen und hatte sich in seinem Bereich eine Sonderstellung als Experte erarbeitet. Dies wurde nicht nur intern, sondern auch extern anerkannt und er erhielt entsprechend viel Wertschätzung. Er war von einem einfachen Mitarbeiter über mehrere Hierarchieebenen zu einer von seinem eigenen Team sehr angesehenen Führungskraft aufgestiegen. Er bewegte sich im Rahmen seiner Führungsrolle zwei Ebenen unter dem Vorstand, interagierte aber viel direkt mit ihm, da dieser seine Fachexpertise außerordentlich schätzte. Allerdings reichte das alles anscheinend nicht aus, um auf die nächsthöhere Hierarchieebene zu kommen, was Theo stark beschäftigte. Den Grund dafür, und somit das eigentliche Coachingthema, hatten wir in unserem ersten Kennenlerngespräch behutsam angefangen herauszuarbeiten.

Bei diesem Gespräch fiel mir sofort Theos teils unterschwellige, teils offen aggressive Art zu interagieren auf. Erstgespräche mit zukünftigen Coachees (so nennt man Personen, die in ein Coaching starten) sind in der Regel geprägt von einem vorsichtigen, freundlichen, aber auch beobachtenden Verhalten. Man beschnuppert sich und schaut, ob eine Zusammenarbeit grundsätzlich funktionieren kann. Häufig schwingt, wie bei der Mehrzahl sozialer Erstkontakte, natürlich auch ein wenig Unsicherheit auf beiden Seiten mit. Man weiß ja nicht, auf wen man da treffen wird und ob von dem Gegenüber nicht eventuell sogar eine Gefahr für den eigenen Selbstwert ausgeht. Von einem freundlich-vorsichtigen Beschnuppern konnte bei diesem Gespräch nun aber überhaupt nicht die Rede sein.

Bei jeder nur denkbaren Möglichkeit widersprach mir Theo und ging in das, was ich im weiteren Verlauf des Coachings ihm gegenüber immer wieder als »Infight« (ein Begriff aus dem Boxen) bezeichnete. Theo war augenscheinlich sehr aufgeregt und vermittelte mir den Eindruck, dass von mir eine Gefahr für seine Person ausgehe. Mich irritierte dieses aggressive und sehr fordernde Verhalten, das ich in dieser Form schon lange nicht mehr erlebt hatte. In früheren Jahren meiner beruflichen Laufbahn hatte mich ein solches Verhalten immer stark verunsichert, und ich merkte während des Gespräches, dass diese längst überwunden geglaubte Verunsicherung plötzlich wieder aufflammte. Theo brachte mich aus meiner Komfortzone heraus und ich merkte, wie einerseits Angstgefühle (»Bin ich noch Herr der Situation oder wird sie mir entgleiten?« ▶ Angst ▶ zukünftige Gefahr ▶ Bedürfnis nach Kontrolle) und andererseits Ärgergefühle in mir aufstiegen (»Was denkt der sich eigentlich, wer er ist, so mit mir zu reden. Er kann sich ja einen anderen Coach suchen!« ▶ Ärger ▶ Verletzung meiner Rechte ▶ Bedürfnis nach Selbstwerterhöhung).

Während ich also in diesem Gefühlsgemenge schmorte, kam mir der Satz eines meiner Lehrcoaches in den Sinn: »Kann es sein, dass das, was Sie gerade erleben, gar nichts mit Ihnen, sondern vielmehr mit der Person, die Ihnen gegenübersitzt, zu tun hat?« Oder anders ausgedrückt: Es ging bei dem Gespräch ja nicht um mich und meinen Ärger und meine Angst, sondern um Theo, der diese beiden Gefühle bei mir auslöste. Die Wahrscheinlichkeit, dass er auch anderen Menschen gegenüber in Erstkontakten dieses Verhalten zeigte und diese entsprechend verschreckte, war sehr hoch. Menschen, die, wie ich, einer Profession nachgehen, bei der das zentrale Thema die Entwicklung des anderen ist, sollten über die Fähigkeit zur Selbstreflexion verfügen. Sie ist zentral bei dieser Arbeit. Man konnte sie aber nicht von jedem Menschen, mit dem Theo in der Organisation interagierte, erwarten und dies schien mir plötzlich das zentrale Thema des Coachings.

Ich meldete Theo dies trotz der für mich immer noch stark spürbaren »Gefahr«, die von ihm ausging, sofort in dem Erstgespräch zurück. Es war eine Alles-oder-nichts-Intervention. Entweder ich würde mit dem Feedback den Nagel auf den Kopf treffen oder das Gespräch würde innerhalb der nächsten fünf Minuten beendet sein. Da wir danach gemeinsam in ein intensives Coaching einstiegen, können Sie sich denken, welche der beiden Varianten eintrat. Er berichtete mir, in einer nun sehr viel offeneren Art und Weise, dass er tatsächlich häufig aneckte, sich vor Gesprächen mit Personen, die er nicht kannte, sehr unsicher fühlte und dass er darauf eher distanziert, aggressiv und arrogant reagierte. Übersetzt in die Sprache der Emotionen, empfand er solche Situationen also als Gefahr. Bei der Frage, ob denn die Größe des empfundenen Angstgefühls der Größe der Situation entspreche, stutzte er erst einmal. Darüber hatte er sich noch nie Gedanken gemacht. Er kam dann relativ schnell zu dem Schluss, dass es keineswegs in Relation stand. Er erkannte also schon im Erstgespräch, dass er die Gefahr überschätzte.

Die nächsten Coachingsitzungen drehten sich um diesen Themenkomplex. Wir arbeiteten zunächst den Grund für dieses Verhalten heraus. Theo kam dann, nachdem wir uns wie bei einer Zwiebel Schicht für Schicht vorgearbeitet hatten, selbst zu dem Schluss, dass der Ursprung seines Verhaltens ein Selbstwertthema war. Seine Aggressivität und Überheblichkeit gegenüber anderen war aus seiner Sicht ein extremes Verhalten, das dem Zweck diente, seinen Selbstwert zu schützen. Ihm war bald klar, dass ein Mensch mit einem gesunden Selbstvertrauen ein solches Verhalten »gar nicht nötig hatte«. Eine weitere Besonderheit seines Verhaltens war, dass er es sich aufgrund seines mangelnden Selbstvertrauens in seiner Nische, seiner Komfortzone gemütlich gemacht hatte. Er meckerte zwar immer wieder darüber, dass er nicht weiterkam und dass man seine Leistung gar nicht anerkennen würde, musste sich aber auch eingestehen, dass er Chancen, die sich ihm immer mal wieder boten, ausschlug. Er zeigte also in Bezug auf das Bedürfnis nach Selbstwerterhöhung ein Annäherungs-Vermeidungsverhalten. Sollte er wirklich das Risiko eingehen, diese Position, in der er sehr viel Wertschätzung genoss, zu verlassen? Was, wenn er in der neuen Position oder in dem ihm angebotenen Projekt versagen würde? Würde dies sein Selbstwert aushalten?

Parallel zu diesen Gesprächen führte ich mit Theo auch einen Persönlichkeitstest durch. In diesem wurde unsere gemeinsame Hypothese eines »entwicklungsfähigen Selbstvertrauens« bestätigt. Theo teilte die Ergebnisse aus dem Persönlichkeitstest auch seiner Frau mit. Diese war davon vollkommen überrascht. Sie hatte, wie es sehr häufig vorkommt, das Verhalten ihres Mannes, das er auch privat zeigte, wenn er jemanden neu kennenlernte, als »überbordendes Selbstvertrauen, das manchmal in Arroganz umschlägt« interpretiert.

Der Test bestätigte auch, was mir vom ersten Gespräch an klar war, dass Theo über außerordentlich große Stärken verfügte. Entsprechend handelte es sich bei diesem Coaching um eine Situation, der wir Coaches sehr häufig begegnen: Ein Mitarbeiter (oder eine Führungskraft) kommt zu uns bzw. wird zu uns geschickt, weil er über äußerst wertvolle Eigenschaften für das Unternehmen verfügt, es aber ein oder zwei Punkte gibt, die dafür sorgen, dass er nicht vorankommt oder sich immer wieder selbst im Wege steht. Ein anderer Coachee von mir hat dafür mal eine sehr schöne Metapher gefunden. Er beschrieb sich als ein Auto (er war Führungskraft in der Automobilindustrie) mit drei runden Rädern und einem leicht ovalen Rad. Die drei runden Räder waren für ihn seine Stärken. Das ovale Rad eine Schwäche, in seinem Fall mangelnde Empathie, die aber dafür sorgte, dass das Fahrzeug insgesamt nicht ganz rund lief. Die

Stärken konnten aufgrund dieser Schwäche nicht optimal zur Geltung kommen. Seien diese »ovalen Räder« nun ein unterentwickeltes Selbstwertgefühl, ein zu stark ausgeprägtes Kontrollbedürfnis oder Defizite im Bereich der Bindung, die sich z. B. durch eine wenig entwickelte Empathie oder, im Gegenteil, ein überbordendes Harmoniebedürfnis bemerkbar machen: Diese Menschen kommen weit in ihrer beruflichen Laufbahn, aber irgendwann ist das Ende der Fahnenstange erreicht. Die angestrebte Verantwortung ist so bedeutend, dass das Unternehmen ihnen die nächsthöhere Position nicht mehr anvertrauen will. Die Befürchtung, dass sich die Defizite der jeweiligen Person, die man auf einer unteren Hierarchieebene gegebenenfalls noch ausgleichen konnte oder einfach hingenommen hat, schädlich auswirken könnten, ist zu groß.

Theo und ich fanden dann recht schnell heraus, woher sein mangelnder Selbstwert kam. Er war in seiner Kindheit und Jugend aus Gründen, die ich hier nicht weiter erläutern möchte, häufig gehänselt worden. Dies hatte zu vielen Konflikten geführt und er hatte dabei gelernt, sich nichts gefallen zu lassen und sich durchzusetzen. Er hatte dadurch ein inneres System entwickelt, das wir gemeinsam als »Gefahrenradar« bezeichneten. Dieses Radar war sozusagen permanent eingeschaltet und scannte seine Umgebung und Mitmenschen auf mögliche Gefahren für ihn und seinen Selbstwert. Auf meine Anmerkung, dass dies ja sehr anstrengend sein müsse, antwortete er sichtlich müde: »Ja, fürchterlich anstrengend.« Darüber hinaus sagte er, dass sein Leben eigentlich ein einziger Kampf sei, dass er das Gefühl habe, immer nur kritisiert zu werden, und stets mit angezogener Handbremse unterwegs zu sein. Er könne einfach nicht so sein, wie er sei, sondern es komme ihm so vor, als müsse er ständig den Erwartungen anderer entsprechen.

Sie haben es vielleicht schon gemerkt, dass es nicht meine Art ist, Menschen zu erzählen, wie sie sein sollten und was sie zu tun haben, um etwas an ihrer Situation zu ändern. Ich vertraue der Intelligenz und Reflexionsfähigkeit jedes Einzelnen, selbst herauszufinden, was er nun tun sollte, und damit habe ich in meiner weit über zehnjährigen Tätigkeit als Coach sehr gute Erfahrungen gemacht. Ja, es gibt Situationen, in denen man direktiv helfen und klare Tipps geben muss, aber in der Mehrzahl der Fälle kommen die Menschen selbst darauf. Auf meine Frage, was er denn nun nach dieser Selbstanalyse seiner Meinung nach tun könne, um sein Selbstvertrauen weiterzuentwickeln, kam Theo zu folgenden Schlüssen:

Er müsse

- eine größere innere Ruhe entwickeln und diese ausstrahlen;
- sich anderen Menschen mehr zuwenden und sich auf sie und nicht nur auf sich fokussieren;
- sich mehr um die Probleme anderer kümmern, nicht immer nur um seine eigenen;
- mehr auf seinen Zynismus achten und diesen nach Möglichkeit in Optimismus umwandeln;
- Herausforderungen mit mehr Enthusiasmus und nicht mit einer vermeidenden Zurückhaltung angehen und, dies war ganz zentral für ihn, mehr Gelassenheit im Umgang mit anderen entwickeln, also genauer auf die Beweggründe seines Gegenübers achten, um es so auch besser zu verstehen.

Konkret wollte er seine Aufmerksamkeit verstärkt auf die ihm nun bewussten Schwachpunkte richten. Er wollte zum Beispiel vor Gesprächen mit Unbekannten bewusst auf die Emotion Angst achten, prüfen, ob tatsächlich eine Gefahr bestand und, sollte er zu dem Schluss kommen, dass dies nicht der Fall war (was für 99 Prozent der Fälle galt), sich in größerem

Maße als bisher auf den anderen und auf dessen Bedürfnisse konzentrieren. Verstehen Sie mich hier bitte nicht falsch: nicht im Sinne eines barmherzigen Samariters. Das funktioniert im Wirtschaftsumfeld nicht. Sondern in dem Sinne, dass er seinen Fähigkeiten vertraute und somit zum Beispiel nicht permanent darüber nachdachte, ob das, was er gerade tat, richtig war, sondern vielmehr überlegte, was das Richtige in Bezug auf die andere Person sei.

Erfreulicherweise gelang ihm dies relativ schnell und zwar auch in Situationen starken Ärgers. Hier schaffte er es, erst einmal verzögert auf teils auch sehr aggressive Angriffe des Gegenübers zu reagieren, indem er ganz einfach tief durchatmete und die Überlegung anstellte, warum sein Gegenüber sich so verhielt. Überraschenderweise kam er dabei häufig zu dem Schluss, dass es wahrscheinlich ähnlich wie bei ihm selbst um ein Selbstwertthema ging. Für ihn war es dann letztlich egal, ob diese Hypothese wirklich zutraf. Entscheidend für ihn war, dass diese Sichtweise zu einer Beruhigung seines eigenen Ärgers führte. Die Erweiterung des allgemeinen Verständnisses von Prozessen, die in uns Menschen ablaufen, hatte ihm also dabei geholfen, empathischer zu werden und somit auch stärker seine Gefühle zu beherrschen.

Zum Zeitpunkt, zu dem ich diese Zeilen schreibe, ist das Coaching mit Theo gerade abgeschlossen. Theo hat aus meiner Sicht durch seine eigene Anstrengung, Ehrlichkeit sich selbst gegenüber und seine sehr gute Selbstreflexionsfähigkeit große Fortschritte im Sinne der Persönlichkeitsentwicklung gemacht. Er ist viel besser in der Lage, seine Emotionen zu steuern, statt sich von diesen steuern zu lassen, und dies ganz allein durch die Auseinandersetzung mit einem seiner psychologischen Grundbedürfnisse: dem nach Selbstwerterhöhung. Das ist Emotional Leading. Natürlich ist dieser Prozess bei Theo noch nicht abgeschlossen und ich vermute, dass er für ihn auch nie ganz abgeschlossen sein wird. Viele Verletzungen aus unserer Vergangenheit sitzen einfach zu tief, sind so stark in unseren Gehirnen verankert, dass eine vollkommene Auslöschung nahezu unmöglich erscheint. Zu leicht ist es, wieder in alte Verhaltensgewohnheiten zurückzufallen. Aber wir können sehr große Fortschritte machen, die anfangs anstrengend zu erreichen sind und dann immer leichterfallen, weil wir die Vorteile, die sie bergen, immer deutlicher wahrnehmen.

Das letzte Mal, als ich Theo gesehen habe, hatte er gerade eine durchweg ausgezeichnete Bewertung durch seinen Vorgesetzten erhalten. Er wird voraussichtlich in die Gruppe der Toptalente der Organisation aufgenommen. Er ist fest entschlossen, sein bisheriges Vermeidungsverhalten in Bezug auf Menschen, aber auch in Bezug auf sein Weiterkommen innerhalb der Organisation aufzugeben. Er will seine Nische, seine Komfortzone verlassen und zwar in der absoluten Überzeugung, dass er auf der nächsthöheren Hierarchiestufe erfolgreich sein wird. Er geht dabei ganz bewusst das Risiko ein zu scheitern. Ganz einfach, weil er weiß, dass er, selbst wenn er scheitert, immer noch ein wertvoller Mensch sein wird.

Ich danke Theo an dieser Stelle für die vertrauensvolle Zusammenarbeit im Coaching und dass ich seine Geschichte in anonymisierter Form hier erzählen durfte.

Es gibt nicht den einen richtigen Weg, um an seiner emotionalen Führung zu arbeiten. Dazu haben Menschen, wenn sie in einen persönlichen Entwicklungsprozess starten, sei es nun aufgrund der Genetik oder aufgrund ihrer Sozialisation, zu unterschiedliche Startbedingungen, aber auch zu verschiedene Ziele, Wünsche und Lebensbedingungen. Ein Personal Coach für körperliche Fitness kann für eine 45-Jährige, die etwas fitter werden möchte, seit fünf Jahren keinen Sport mehr gemacht hat und sich neben ihrem Beruf um zwei Kinder kümmern muss, nicht dasselbe Trainingsprogramm aufsetzen wie für eine 25-jährige Frau, die in sechs Monaten ihren ersten Marathon unter vier Stunden laufen möchte und keine weiteren Verpflichtungen hat. Entsprechend sind die folgenden Wege, die ich Ihnen vorschlagen werde, solche, die Ihnen noch einiges an Reflexionsarbeit und wahrscheinlich auch an Mut und Anstrengung abverlangen werden.

Ich bin der festen Überzeugung und weiß es auch aus meiner Erfahrung als Psychotherapeut, Coach und Trainer, dass die meisten Menschen die Lösungen für ihre Herausforderungen in sich selbst tragen. Man muss in der Regel nur die richtigen Fragen stellen und auch ein wenig als Kontrolleur agieren. Entsprechend kann im Sinne eines Selbstcoachings ein Buch wie dieses hier, gepaart mit Ihrem ganz persönlichen Willen, etwas zu verändern, tatsächlich einen Coach ersetzen. Aber eben nicht in allen Fällen. Sollten Sie also alleine nicht weiterkommen, haben Sie keine Scheu, sich Unterstützung zu suchen. Das ist keineswegs ein Zeichen von Schwäche, starke Menschen glauben nicht, alle Herausforderungen, die ihnen das Leben stellt, alleine lösen zu müssen. Diese Unterstützung muss nicht zwangsläufig von einem Profi kommen. Ein Gespräch mit einer Person, die einen gut kennt und die in der Lage ist, gut und wertschätzend zuzuhören und gute Fragen zu stellen, kann da Gold wert sein.

Ich könnte Ihnen noch hundert andere Geschichten erzählen. Geschichten von Menschen, die auf Basis der Analyse ihres bedürfnisbezogenen Verhaltens eine Entscheidung getroffen haben. Nämlich ein anderes Verhalten auszuprobieren und zu schauen, ob damit alles etwas besser, leichter geht. Oder die Entscheidung, ihre Sicht auf sich und die Welt, und damit auch ihre persönlichen Werte, zu hinterfragen und eine neue, ebenso authentische Perspektive einzunehmen. Ich würde lügen, wenn ich schreiben würde, dass dies alle weitergebracht hätte. Aber die überwiegende Mehrheit hat es entscheidend in ihrem Leben vorangebracht.

Weg 1: Analyse-Tools anwenden

Sie haben anhand der Geschichte von Theo gesehen, dass die Analyse der persönlichen Situation entscheidend für den Erfolg in einem Entwicklungsprozess ist. So wie Dinge anfangen, enden sie auch. Wenn Sie ein Hemd beim ersten Knopf falsch zuknöpfen, werden Sie dieses wieder komplett aufknöpfen müssen. Da führt dann kein Weg dran vorbei. An dieser Stelle des Buches ist es genauso und entsprechend möchte ich Sie einladen, einmal über Ihr eigenes Verhalten in Bezug auf die fünf psychologischen Grundbedürfnisse nachzudenken. Vielleicht haben Sie ja sogar beim Lesen schon damit angefangen? Die Frage ist also, ob Sie aus Ihrer Sicht und/oder aus der Sicht anderer Menschen ein eher ausgeglichenes oder ein eher extremes Verhalten zeigen und welche Bedeutung das jeweilige Bedürfnis in Ihrem Leben einnimmt.

Aus eigener Erfahrung und durch das Feedback von Lesern meines ersten Buches weiß ich, dass es zwei unterschiedliche Arten von Lesern gibt. Die einen möchten nicht aus dem Lesefluss herausgerissen werden und es reicht ihnen, während sie lesen, über sich selbst nachzudenken. Andere wiederum möchten sofort in eine tiefere Analyse einsteigen. Um den Lesefluss der Ersteren nicht zu stören, habe ich die zwei Selbstreflexionstools, die sich mit diesen Fragen beschäftigen, in Teil II dieses Buches platziert. Es handelt sich dabei um folgende Dokumente:

- Tool 1: Fragebogen zur persönlichen Bedeutung der Grundbedürfnisse (Seite 185)

- Tool 2: Offene Selbstreflexion zu den fünf Grundbedürfnissen (Seite 199)

Ob Sie nun eines oder beide Tools anwenden oder nur als gedankliche Anregung nutzen, bleibt Ihnen überlassen, Sie können sie aber auch Freunden, Bekannten, Menschen jedenfalls,
die Sie aus Ihrer Sicht gut kennen, geben und sie bitten, Sie bezüglich der gestellten Fragen einzuschätzen. Mit einer solchen
Fremdeinschätzung bekommen Sie ein noch umfassenderes
Bild zu Ihrer Person.

Beide Instrumente werden Sie dabei unterstützen herauszufinden, wo Sie ein ausgeglichenes Verhalten zeigen und welche
Grundbedürfnisse einen größeren Stellenwert in Ihrem Leben
einnehmen und somit eine besondere Rolle spielen. Damit ist
gemeint, dass sie Ihr Erleben und Verhalten in hohem Maße
beeinflussen und entsprechend zu eher extremem Annähe-
rungs- und/oder Vermeidungsverhalten führen. So wie im eben
geschilderten Fall Theos Ungleichgewicht in Bezug auf das Bedürfnis nach Selbstwerterhöhung starke Angstgefühle vor Gesprächen sowie aggressive Reaktionen und ein überhebliches
Verhalten in deren Verlauf bedingte. Jemand, der hier balanciert
ist, verspürt solche Emotionen nicht oder nur in abgeschwäch-
ter Form.

Ein hoher oder niedriger Wert beim Fragebogen, also ein
extremes Annäherungs- oder Vermeidungsverhalten, bedeutet
nicht per se etwas Gutes oder Schlechtes. Als Beispiel könnte
man einen Menschen nehmen, der auf der Skala »Kohärenz-
Annäherung« den Maximalwert erzielt. Dieser Mensch wäre
ein absoluter Perfektionist, der keinerlei Fehler zulässt und der
als Führungskraft diese Genauigkeit wahrscheinlich auch ve-
hement von seinen Mitarbeitern einfordern würde. Ich selbst
bin in der gehobenen Gastronomie groß geworden, mein Vater
ist Sternekoch, und ich weiß, dass ein Chef, der nicht perfek-

tionistisch ist, vielleicht gerade noch einen Stern im Michelin bekommen kann, aber niemals drei. Ebenso wird ein Uhrmachermeister, der ein Team leitet, das für die Herstellung von sündhaft teuren Armbanduhren bei einem Schweizer Unternehmen verantwortlich ist, ohne ein gehöriges Maß an Kohärenzstreben seinen Job nicht gut machen können. Last but not least wäre es mir auch lieb, wenn bei der Lufthansa-Technik, bei der zahlreiche Airlines ihre Flugzeuge warten lassen, möglichst viele Menschen arbeiteten, die auf der Skala »Kohärenz – Annäherung« hohe Werte haben. Jemand mit einem hohen Wert auf der Skala »Kohärenz – Vermeidung« wäre vielleicht besser als Designer bei einem Modeunternehmen aufgehoben, das durch außergewöhnliche Kreationen glänzen will – nicht aber bei der Flugzeugwartung.

Das zeigt auch das Beispiel von Theo – nämlich dann, wenn man sein Verhalten mit hoher Durchsetzungsstärke und Konfliktbereitschaft übersetzt. Er mag an vielen Stellen anecken, aber er ist jemand, der keine Konflikte scheut und nichts in sich hineinfrisst. So stellt sich die Frage, ob Theo balancierter und gelassener werden und gleichzeitig seine hohe Durchsetzungsstärke beibehalten kann. Dass ein Mensch dies lernen kann, habe ich bei meinen Coachees und an mir selbst und meiner eigenen Entwicklung erfahren.

All diejenigen unter Ihnen, die nun weiterlesen, ohne die Tools zu nutzen, möchte ich trotzdem zur Selbstreflexion auffordern. Daher bitte ich auch Sie, sich zumindest kurz gedanklich oder schriftlich folgende drei Fragen zu beantworten:

1. In Bezug auf welche Grundbedürfnisse zeige ich aus meiner Sicht ein ausgewogenes, balanciertes Verhalten?
2. In Bezug auf welche Grundbedürfnisse ist dies nicht der Fall? Welche haben eine besondere Bedeutung für mich?

3. Wie macht sich das alles in meinem täglichen Leben im Positiven wie im Negativen bemerkbar? Was sollte ich auf der Basis dieser Analyse beibehalten und was verändern?

Wenn Sie ein paar Antworten auf diese drei Fragen aufgeschrieben oder im Kopf haben, können wir gemeinsam schauen, was Sie noch tun können, um sich weiterzuentwickeln.

Weg 2: Die Komfortzone erweitern

»Wer kann sich an eine Situation erinnern, die ihm vor einiger Zeit noch ziemlich viel Angst machte und die er heute mit Leichtigkeit bewältigt?« Wann immer ich diese Frage in einem Training stelle, dauert es nicht lange, bis jemand die Hand hebt. Eine Frau erzählt dann beispielsweise, dass sie, als sie vor zwei Jahren eine Führungsrolle übernahm, stets sehr viel Angst und schlaflose Nächte vor Teammeetings und Kritikgesprächen hatte. Sie hat die Situationen dann trotzdem aufgesucht und mit der Zeit gemerkt, wie sie immer ruhiger und gelassener wurde. Sowohl vor als auch während der Gespräche. Die befürchteten negativen Konsequenzen blieben aus, ihre primäre Angst war gewesen, sie könne die Kontrolle über das Meeting bzw. das Mitarbeitergespräch verlieren. Nun hatte sie erfahren, dass sie ihre Rolle als Führungskraft ausfüllen kann. Frage ich die Personen, die etwas in der Art erzählen, wie es ihnen damit geht – jetzt, wo ihnen diese einst herausfordernde und angsteinflößende Situation noch einmal bewusst geworden ist –, antworten die meisten, dass sie sich gut fühlen und auch ein wenig stolz auf sich sind. Und das vollkommen zu Recht: Sie haben sich einer schwierigen Situation gestellt und darüber die Erfahrung gemacht, dass sie nun mehr können als zuvor. Ganz einfach, weil sie ihre Komfortzone, die Zone, in der sie sich wohl fühlten, verlassen und erweitert haben. Vielleicht überlegen Sie an dieser Stelle einmal, was Sie heute ganz gelassen bewältigen, und überlegen dann, ob dies Situationen sind, vor denen Sie früher Angst hatten. Es werden Ihnen bestimmt etliche einfallen.

Auch ein Mensch, der in Bezug auf alle Grundbedürfnisse ein balanciertes Verhalten zeigt (ja, es gibt sie, aber sie sind sehr selten), hat vor neuen Situationen Angst. Das ist vollkommen normal. Dass die oben beschriebene Führungskraft Angst hat, die Kontrolle über eine bestimmte Situation zu verlieren, sagt also noch nicht aus, dass hier ein grundsätzliches Problem besteht. Dies wäre erst der Fall, wenn solche Situationen permanent auftreten würden, die diesbezüglichen Emotionen zu »groß« wären und es somit ein zentrales, häufig Leid verursachendes Lebensthema der Person wäre.

An dem Beispiel kann man darüber hinaus sehr gut einen Effekt erkennen, den wir *Habituation* nennen und den sich insbesondere Verhaltenstherapeuten zunutze machen. Durch die immer wiederkehrende Konfrontation mit einer angst- (oder andere Emotionen) auslösenden Situation lässt diese Angst (bzw. Emotion) in den allermeisten Fällen irgendwann nach und tritt in der Regel auch nicht mehr so stark auf wie davor. Das gilt zumindest für 80 Prozent der Fälle, wie ich es zu Beginn dieses Buchs bereits geschildert habe. Insbesondere, wenn man die Situationen schnell hintereinander immer wieder aufsucht.

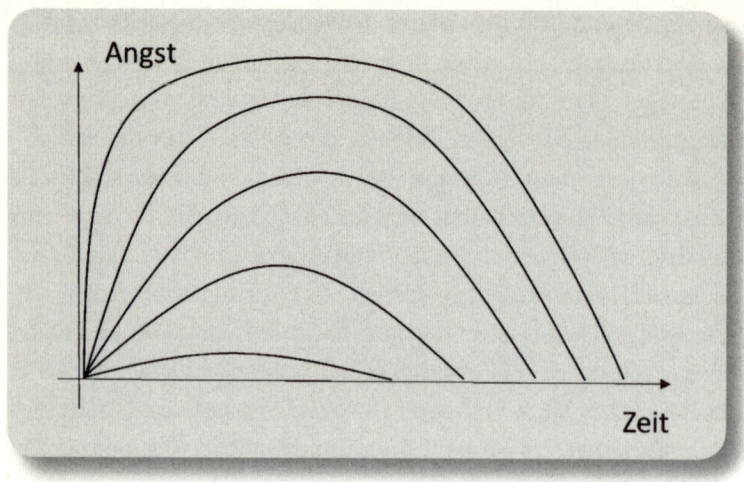

Die Grafik stellt den Angstverlauf einer Person dar, die sich kurz nacheinander immer wieder in dieselbe Situation, die ihr Angst bereitet, begibt. Sie bleibt jedes Mal so lange in der Situation, bis die Angst deutlich nachgelassen hat oder sogar vollständig verschwunden ist. Dadurch ist diese Angst beim nächsten Mal nicht mehr so stark und sie lässt immer schneller wieder nach. Diesen Habituationseffekt haben Sie selbst wahrscheinlich schon sehr häufig in Ihrem Leben erlebt, ohne sich dessen wirklich bewusst gewesen zu sein. Denken Sie einfach an das erste Mal, als Sie in der Fahrschule neben dem Fahrlehrer saßen, und wie Sie sich heute fühlen, wenn Sie sich hinter das Lenkrad Ihres Autos setzen.

Wer mehr Balance in Bezug auf seine psychologischen Grundbedürfnisse herstellen möchte, kann die Habituation nutzen. Es handelt sich um einen der effektivsten Wege, die wir Psychologen kennen, gleichzeitig verlangt er denjenigen, die ihn gehen, sehr viel ab, da häufig starke und unangenehme Gefühle auftreten, die wir Menschen eben nicht besonders gerne mögen. Allein das Wissen und die Zuversicht, dass diese Gefühle nach einiger Zeit nachlassen werden und die neue Verhaltensweise mittel- und langfristig eine Besserung des Zustands bedeutet, kann jemanden motivieren, diesen Weg einzuschlagen. Lassen Sie mich Ihnen noch ein Beispiel dazu geben.

Eine Person, nennen wir sie Frau Schmidt, hat in ihrer Kindheit massive Verletzungen ihres Bedürfnisses nach Orientierung und Kontrolle erlebt und als kompensatorisches Verhalten einen starken Drang entwickelt, immer und alles zu kontrollieren. Ein extremes Annäherungsverhalten. Sie hat sich entsprechend, natürlich vollkommen unbewusst, eine Stelle beim Finanzamt gesucht. Es erfüllt sie mit großer Genugtuung, dass sie einerseits bis ins kleinste Detail Steuererklärungen prüfen kann und andererseits durch ihren Beamtenstatus Kontrolle über ihr Leben hat. Sie macht das, was ihr Freude bereitet und ihr starkes Bedürfnis nach Kontrolle befriedigt, ihr kann nicht gekündigt werden und ihre Altersvorsorge ist gesichert. Aufgrund ihres großen Talents und ihres Engagements sind ihr schnell besonders schwierige und komplexe Aufgaben übertragen worden und vor Kurzem ist sie zudem befördert worden. Sie ist nun Führungskraft eines kleinen, schlagkräftigen Teams, das sich um besonders komplizierte Fälle kümmert.

Es dauert nicht sehr lange, und die ersten Beschwerden von sehr verdienten und talentierten Mitarbeitern aus ihrem Team landen beim Vorgesetzten von Frau Schmidt. Bislang konnten diese Mitarbeiter ihren Job sehr frei und eigenständig ausüben und haben dies auch sehr erfolgreich getan. Nun aber möchte Frau Schmidt permanent über den Fortschritt der Fälle informiert werden. Die Mitarbeiter kommen vor lauter Meetings überhaupt nicht mehr dazu, ihre Arbeit zu machen, und es haben sich bei fast allen eine große Unzufriedenheit und Frustration breitgemacht. Einige mutige Mitarbeiter haben das bei Frau Schmidt angesprochen. Sie hat dies aber einfach mit dem Satz quittiert, dies sei nun einmal ihre Art zu führen und sie wolle eben über alles, was in ihrer Abteilung passiere, informiert sein. Sie könne nicht anders arbeiten. Der Vorgesetzte entscheidet sich, Frau Schmidt um ein Gespräch zu bitten. Er möchte nicht, dass die Situation weiter eskaliert. Nach langem Hin und Her schafft er es, sie von einem Coaching zu überzeugen. Der Vorgesetzte erläutert Frau Schmidt, dass solche Situationen häufig vorkämen, wenn man von einer Mitarbeiter- in eine Führungsrolle wechsle, und empfiehlt ihr einen Coach, mit dem er schon lange zusammenarbeitet.

Angenommen, es handelt sich bei diesem Coach um jemanden, der von den hier beschriebenen Grundbedürfnissen noch nie etwas gehört hat. Seine Art zu arbeiten ist stark verhaltensorientiert, was nichts anderes heißt, als dass er sich den Habituationseffekt zunutze macht. Er erläutert Frau Schmidt, ebenso wie der Vorgesetzte, dass ihre Arbeitsweise bisher hervorragend ihrer Aufgabe entsprochen hat, es nun aber, da sie in die Führungsrolle gewechselt ist, wichtig ist, eine Anpassung vorzunehmen. Sie müsse ihren Mitarbeitern mehr vertrauen und sollte entsprechend weniger kontrollieren. Übersetzt in die Sprache dieses Buches müsste sie also ihr starkes Annäherungsverhalten in Bezug auf das Bedürfnis nach Orientierung und Kontrolle unterbinden bzw. verändern. Der Coach arbeitet mit ihr heraus, was dies konkret für ihren Arbeitsalltag bedeutet. Eine der zentralen Maßnahmen ist, dass sie sich nur noch einmal die Woche, und nicht wie bisher alle zwei Tage, mit ihren Mitarbeitern abstimmen soll. Frau Schmidt betont am Ende des ersten Gespräches, dass sie sich nicht vorstellen könne, dies zu schaffen. Die beiden vereinbaren einen Folgetermin in zwei Wochen. Mit dem Sechs-Kreise-Modell (siehe S. 77) haben sie zudem herausgearbeitet, dass die Angst größer ist als die Situation. Dies war eine überraschende Erkenntnis für Frau Schmidt und sie hat entsprechend auch schon einen gewissen Sinneswandel bei ihr bewirkt. Es tut sich etwas im Kopf von Frau Schmidt.

Was glauben Sie nun, welche Emotion bei Frau Schmidt auftreten wird, wenn sie anfängt, diese neuen Verhaltensweisen umzusetzen? Richtig! Es wird starke Angst sein, also das Gefühl, dass eine Gefahr droht, nämlich: die Kontrolle über die Situation zu verlieren. Eine Erfahrung, die sie in der Vergangenheit, in ihrer Kindheit und Jugend bereits schmerzlich gemacht hat.

Zwei Wochen später kommt Frau Schmidt wieder zu ihrem Coach und die beiden besprechen, wie es gelaufen ist. Frau Schmidt berichtet, dass sie sich klar an die Anweisungen gehalten und tatsächlich nur ein Meeting pro Woche durchgeführt habe. Die erste Woche sei es die Hölle für sie gewesen. Sie habe ständig den Drang verspürt, ihre Mitarbeiter anzurufen, habe ihn aber unterbinden können. Dennoch habe die Angst erst nach ein paar Tagen ein wenig nachgelassen. Einerseits, weil der Termin für das Meeting näher gerückt sei, andererseits, weil sie einfach nicht mehr gekonnt habe. Im Rahmen der Mitarbeitergespräche sei ihr dann aufgefallen, was alle ihr vorausgesagt hatten: Die Leute hatten ihren Job, abgesehen von ein paar kleinen, eher unbedeutenden Ausnahmen, wunderbar erledigt und waren weiter, als sie es erwartet hatte. Außerdem sei die Stimmung in den Gesprächen irgendwie besser gewesen. Dank der freien Zeit habe sie selbst es geschafft, ein neues Konzept schneller als erwartet fertigzustellen. Aufgrund dieses positiven Verlaufs habe in der zweiten Woche ihre Angst deutlich nachgelassen. Sie sei zwar noch nicht ganz weg, aber es sei spürbar besser. Sie sei zuversichtlich, diesen Weg weiterverfolgen zu können. Sie habe zwar immer noch die Befürchtung, dass einmal etwas schiefgehen könne, sei aber bereit, dieses Risiko in Kauf zu nehmen. Ihr sei durch diese Übung *bewusst geworden*, dass sie übertrieben habe, und wolle nun mit dem Coach mal schauen, wieso dies eigentlich so sei. Sie habe die Vermutung, dass »Kontrolle« ein grundsätzliches Thema von ihr sei. Insbesondere weil sie ein ähnliches Verhalten in ihrer Beziehung zeige und dies regelmäßig zu Konflikten mit ihrem Mann führe.

Mir ist bewusst, dass ich an dieser Stelle einen sehr positiven und simplen Verlauf eines Coachings geschildert habe. Häufig geht es dann doch nicht so leicht. Ganz einfach, weil die Gefühle zu stark sind, weil die Coachees es noch nicht schaffen, ihr Verhalten komplett abzustellen, oder weil sie im Prozess schlechte Erfahrungen machen. Etwa wenn Aufgaben doch nicht so erledigt werden, wie Frau Schmidt es sich gewünscht hat, um bei diesem Beispiel zu bleiben. Nichtsdestotrotz weiß ich aus Erfahrung, dass eine Vielzahl dieser Interventionen zum Erfolg führt. Wenn die Betroffenen ihre Komfortzone verlassen und erweitern und die damit einhergehenden negativen Emotionen erst einmal zulassen und aushalten, erleben sie, dass das, wovor sie sich gefürchtet haben, doch nicht eintritt. Im Gegenteil: Häufig machen sie sogar das, was ich bereits an früherer Stelle als eine *korrigierende Erfahrung* bezeichnet habe. Sie lernen, dass etwas leichter geht als zuvor. In diesem idealtypischen Fall waren die Mitarbeiter zufriedener, hatten mehr geschafft als erwartet und auch Frau Schmidt hatte durch die gewonnene Zeit mehr erreicht.

Der große Vorteil an solchen Interventionen, die man auch im Sinne eines Selbstcoachings ohne externe Unterstützung durchführen kann, ist, dass man so direkten Zugang zu seinem eigenen Denken, seinen Werten und Glaubenssätzen erlangt. Man muss nicht in einem manchmal mühsamen Reflexionsprozess überlegen, ob das, was man denkt, nun *richtig* oder *falsch, akkurat* oder *inakkurat, funktional* oder *dysfunktional* für die Situation ist, und sich nicht bemühen, anders zu denken (was im Übrigen auch gar nicht so leicht funktioniert). Wenn jemand die häufig stark emotionale Erfahrung macht, dass es auch anders geht, verändert sich die Art, wie er über sich selbst und/oder die Situation denkt. Die Chance, dass dies dauerhaft die neuronalen Strukturen und somit das Handeln verändert, ist entsprechend sehr groß. Das zeigt die Forschung sowohl im psychotherapeutischen als auch im neurobiologischen Bereich. Die starke emotionale Konfrontation mit einer Situation führt zur Löschung von bestehenden neuronalen Strukturen und ermöglicht es uns damit, etwas Neues zu erlernen. Deswegen stecken in Krisen auch die berühmten Chancen: wenn wir sie nutzen, um etwas Neues, Zielführenderes zu lernen und nicht gleich wieder in alte Verhaltensweisen und Denkmuster verfallen.

Seine Komfortzone zu verlassen bedeutet also:

1. Ein Vermeidungsverhalten, das man bisher gezeigt hat, aufzugeben **oder**
2. Ein Annäherungsverhalten, das man bisher gezeigt hat, abzulegen.

Man hört also auf bzw. fängt an, etwas zu tun. Frau Schmidt hat aufgehört, ihre Mitarbeiter so stark wie bisher zu kontrollieren, und damit angefangen, was wesentlich motivierender ist, ihren Mitarbeitern mehr Vertrauen zu schenken und sich selbst mehr Freiräume zu verschaffen.

Solch ein Verlassen der Komfortzone kann man natürlich auch bei den anderen Grundbedürfnissen praktizieren. Jemand, der nur hart arbeitet und nie etwas tut, das ihm Spaß bereitet, kann die Arbeit einmal Arbeit sein lassen. Wer sich nie »quält« und nur Spaß haben will, kann anfangen, sich mehr zu disziplinieren, und lernen, an einer Sache dranzubleiben. Wem Perfektionismus das Leben schwer macht, weil er ihm seine gesamte freie Zeit raubt, der kann beginnen, Dinge nur noch neunzigprozentig zu erledigen und zu schauen, ob das wirklich die negativen Konsequenzen nach sich zieht, die er befürchtet. Und jemand, der jede freie Minute dafür opfert, sich um seine Nächsten zu kümmern und sich dabei selbst vollständig vergisst, kann auch einmal etwas für sich selbst tun. Sie merken: Diese Liste kann man unendlich fortführen.

Was aber alle diese Situationen, seien es nun fünf, hundert, tausend oder eine Million, gemeinsam haben, ist Folgendes: Die jeweilige Verhaltensweise zu verändern, wird erst einmal zu einem unangenehmen Gefühl führen. Derjenige muss also ein gewisses Maß an Leidensbereitschaft und Leidensfähigkeit mitbringen. Umso mehr, da die empfundene Emotion, sei es nun Schuld, weil man sich nicht um die Liebsten kümmert, oder Angst, weil man die Aufgabe nicht nach den eigenen perfektionistischen Anforderungen ausgeführt hat, größer sein wird, als es die Situation erfordert. Wäre dies nicht der Fall, die Emotion also angemessen und akkurat, müsste man ja nichts an seinem Verhalten ändern.

Vielleicht möchten Sie nun selbst aktiv werden und eine Übung dazu durchführen, Sie finden sie in Teil II auf S. 209 ff.

Alle anderen sind herzlich eingeladen, sich nun mit einem »Instrument« zu beschäftigen, das einen ganz zentralen Einfluss auf unsere emotionalen Führungsfähigkeiten hat: dem akkuraten Denken.

Weg 3: Akkurat denken = akkurat fühlen

Lassen Sie es mich gleich vorwegnehmen: Es gibt nicht die eine allumfassende Methode, die Ihnen beibringt, akkurat zu denken. Akkurat zu denken – und darunter verstehe ich *richtig* zu denken –, bezieht sich darauf, welche Einstellung wir zu uns selbst und zu der Umwelt, in der wir leben, haben. Der eine hält die Europäische Union und den Euro für das Beste, was den Europäern passieren konnte, während ein anderer genau das Gegenteil denkt. Ich bin, nicht zuletzt aufgrund meiner deutsch-französischen Herkunft, ein Verfechter der erstgenannten Meinung, aber kann ich wirklich behaupten, dass ich richtiger denke als die anderen, die die EU und den Euro am liebsten schnell wieder abschaffen würden? Wohl kaum, auch wenn ich es manchmal gerne täte.

Nichtsdestotrotz gibt es Bereiche in unserem Leben, in denen die Entscheidung, ob man akkurat oder eher inakkurat denkt, deutlich leichter fällt und dies bezieht sich meistens auf uns selbst. Ein Mensch, der schon Hunderte von Erfolgen gehabt hat und trotzdem vor einer vergleichbaren Situation befürchtet, nicht gut genug zu sein, denkt mit sehr hoher Wahrscheinlichkeit inakkurat. Jemand, der meint, er müsse sich für den Rest der Welt aufopfern und seine Bedürfnisse immer hintanstellen, denkt wahrscheinlich inakkurat. Und das gilt auch für jemanden, der findet, dass das Leben immer nur Spaß machen sollte, und sich bei dem kleinsten Ereignis, das ihm Unlust bereitet, sofort darüber beschwert, wie ungerecht die Welt zu ihm ist. Zumindest würden diese drei Menschen von vielen als inakkurat Fühlende und Denkende wahrgenommen werden.

Es ist das gute Recht dieser Menschen, in ihrem Denken zu verharren. Sollten sie aber eine Verbesserung ihres emotionalen Zustands anstreben und sich wünschen, häufiger Zuversicht, Gelassenheit und Zufriedenheit zu empfinden, führt in der Regel kein Weg daran vorbei, auch ihre Art zu denken an der einen oder anderen Stelle zu verändern oder, besser gesagt, zu entwickeln. Was nichts anderes heißt, als genauer auf sich und die Welt zu schauen. Entsprechend führt der Weg immer erst darüber zu identifizieren, wo man gegebenenfalls eine verquere Sichtweise auf sich selbst und die Welt um sich herum hat. Dies kann man alleine machen, häufig ist es aber im Dialog einfacher. Wir Psychologen nennen dies einen *sokratischen Dialog*, in den wir mit unseren Coachees oder, im Falle von Psychotherapien, mit unseren Patienten treten.

Sokrates verglich diese Art des Dialoges mit der »Hebammenkunst«; so wie die Hebamme der Frau bei der Geburt ihrer Kinder helfe, unterstütze er die Seelen bei der Geburt ihrer Einsichten; man könnte auch von *innerer Haltung, Wert, Glaubenssatz* oder *innerem Antreiber* sprechen. Was nun eine richtige oder falsche Einsicht, was akkurates oder inakkurates Denken ist, können (und sollen) nicht wir Coaches oder Psychologen entscheiden. Wir sind Experten des Prozesses, der einen Menschen dabei unterstützt, eine neue Einsicht *zu gebären*. Die Einsicht auf die Welt bringen muss aber jeder selbst.

Einer Patientin, die Flugangst hat und denkt, dass jede tausendste Maschine, die abhebt, abstürzt, kann ich natürlich sagen, dass sie die falsche Statistik gelesen hat und ihre Sorge übertrieben ist. Vielleicht wird sie das beruhigen und die Information ihr beim nächsten Flug weiterhelfen. Einem Patienten aber, der valide Statistiken sehr gut kennt und für sich entscheidet, dass ihm das Risiko trotzdem zu groß ist, weil ein Absturz in der Regel seinen Tod bedeutet, kann ich nicht erklären, dass er da falsch, inakkurat denkt. Er hat ja vollkommen recht damit. Genauso akkurat ist aber auch die Entscheidung, dieses Risiko eingehen zu wollen. Ebenso wie die vielen anderen, viel größeren Risiken, die man im Leben tagtäglich auf sich nimmt. Mit dieser *Einsicht*, diesem Denken in einen Flieger zu steigen, ist deutlich hilfreicher, als sich immer wieder zu sagen »es wird schon gut gehen« und trotzdem mit dem Zweifel zu leben, ob es vielleicht nicht doch schieflaufen wird. Wir sagen zu einem solchen Denken auch, dass es auf diese Situation bezogen *funktionaler* ist, weil es dem Menschen hilft, die Situation emotional besser zu bewältigen. Sich zu verdeutlichen, dass die Wahrscheinlichkeit eines Absturzes sehr gering ist, ein solcher aber unweigerlich zum Tod führt, entspricht zwar auch den Tatsachen und ist somit akkurat, aber zur Bewältigung der Situation eher *dysfunktional*. Es hilft uns nicht weiter und bringt uns in einen emotional negativen Zustand.

Ich habe vor einiger Zeit ein Interview mit einer Amerikanerin gelesen, die ein schweres Krebsleiden überstanden hatte. Sie wurde gefragt, wie sie es geschafft habe, diese Situation zu meistern und nicht an ihr zu verzweifeln. Ihre Antwort hat mich in ihrer Einfachheit verblüfft, ja sogar bewegt und tut dies auch noch heute. Sie sagte, dass sie recht schnell aufgehört habe, sich (wie so viele) selbst zu fragen: »Warum gerade ich?« Stattdessen fragte sie sich: »Warum nicht ich?«

Gemeinsam haben beide Fragen, dass es auf sie keine Antwort gibt. Niemand kann einem sagen, warum gerade sie oder ihn ein solcher Schicksalsschlag ereilt. »Warum bekomme gerade ich Lungenkrebs? Mein Nachbar, der viel mehr raucht als ich, hat doch auch keinen bekommen.« Ebenso wenig gibt es eine Antwort auf die Frage, warum gerade einen selbst das Schicksal verschonen sollte. Trotzdem merken Sie wahrscheinlich gerade den wirklich gewaltigen Unterschied. Sich die Frage »Warum ich?« zu stellen, bringt uns in eine Opferhaltung, mit allen zugehörigen Emotionen der Hilflosigkeit, Traurigkeit, Wut, Verzweiflung und Angst. Die Frage »Warum nicht ich?« bringt uns dagegen in eine Haltung, die ich *Akzeptanz* nenne und aus der (nicht zwangsläufig, aber häufig) Motivation und vielleicht sogar Zuversicht und realistischer Optimismus entstehen. »Es gibt keinen Grund, warum mich das Schicksal verschonen sollte. Es ist traurig, dass es so ist, aber so ist nun einmal das Leben. Also mal schauen, wie ich das gelöst bekomme.« Es ist »nur« eine *Einsicht*, eine andere Art, über die Situation zu denken, aber diese kann in uns ganz erstaunliche Kräfte freisetzen.

Akkurat bzw. funktional zu denken, ist also etwas sehr Persönliches und deshalb gibt es auch nicht das eine Instrument, um es zu lernen. Es geht vielmehr darum, für sich zu entscheiden, ob man in einer bestimmten, immer wiederkehrenden Situation anders, positiver fühlen, sich also emotional führen möchte, und das funktioniert eben sehr häufig darüber, dass man eine andere Haltung zu der Situation, den darin involvierten Personen und/oder zu sich selbst einnimmt.

Sie haben in diesem Buch schon etliche Beispiele dazu gelesen. Mein Coachee Theo etwa will sich nicht mehr so stark über andere ärgern, er will weniger Angst vor ihnen haben und *macht sich bewusst*, dass die meisten Menschen, denen er begegnet, ihm nichts Böses wollen. Er hat hier inakkurat und dysfunktional gedacht. Aber auch ich selbst habe in dem Gespräch mit Theo gemerkt, dass ich mich ärgerte, weil aus meiner Sicht gerade meine Rechte als Coach verletzt wurden, kam dann aber zu dem Schluss, dass dies zwar stimmte (akkurat denken), ich aber dabei wertvolle Informationen über meinen zukünftigen Coachee sammelte und das alles daher ein Geschenk war. Ich habe dann eine andere, auch akkurate Sichtweise gewählt, die mir geholfen hat, die Situation zu meistern. Ein Prozess, den wir *reframing, Umdeutung,* nennen. Diese andere, auch akkurate Sichtweise führte dazu, dass ich mich besser fühlte und sie war für die Situation deutlich zielführender und damit funktionaler, als dem Coachee beispielsweise zu sagen, dass es »zwischen Ihnen und mir im Coaching nicht funktionieren wird«. Zwei Schritte führen ans Ziel. Der erste ist ein analytischer, indem wir erst einmal zum interessierten Beobachter unserer selbst werden. Er ermöglicht uns erst, den zweiten Schritt zu gehen: ehrlich zu uns selbst zu sein und die richtigen Schlüsse zu ziehen.

Die eigenen Emotionen und Gedanken interessiert wahrnehmen

In seinem Buch ›Search Inside Yourself‹ erzählt der amerikanische Autor und leidenschaftliche Meditierer Chade-Meng Tan eine kurze Geschichte. Ein Mann reitet stundenlang auf seinem Pferd durch eine verlassene Steppe, weit und breit ist niemand zu sehen. Plötzlich taucht am Horizont ein Mann auf. Er geht scheinbar spazieren. Nach einiger Zeit treffen der Reiter und der Mann aufeinander. Die beiden tauschen ein paar Höflichkeiten aus und schließlich fragt der Mann den Reiter, wo er denn hinreite. Dieser erwidert, das wisse er nicht, das bestimme schließlich das Pferd.

Diese Geschichte ist eine sehr einfache, aber auch sehr treffende Analogie für das, was Emotionen häufig mit uns machen. Wir empfinden Ärger, Angst, Trauer, Wut, Schuld, Glück, Stolz, Liebe – und obwohl wir eigentlich die Zügel in der Hand haben sollten, es sind ja schließlich unsere Gefühle, fangen diese plötzlich an, zu einem wilden Pferd zu werden und zu bestimmen, wohin es mit uns geht. Wir schreien dann herum, laufen mit gesenktem Kopf durch die Gegend oder machen andere Dinge, über die wir uns im Nachhinein mächtig wundern und uns fragen: »Was war denn da bloß mit mir los?«

Emotional Leading bedeutet also nicht nur, unsere psychologischen Grundbedürfnisse ernst zu nehmen, sondern auch, dass wir mehr *Herr über unsere Gefühle* werden und uns nur dann von ihnen treiben lassen, wenn wir es für richtig halten. Inakkurate und dadurch nicht zielführende Gefühle bringen uns dazu, Dinge zu tun, die wir eigentlich so nicht machen wollten und/oder im Nachhinein bereuen. Emotional Leading heißt aber keineswegs, zu einem gefühllosen, sich ständig selbst beobachtenden und sich selbst steuernden Wesen zu werden. Dazu erfüllen diese Emotionen zu wichtige Funktionen. Emotional Leading bedeutet, selbst darüber entscheiden zu können, ob wir eine Emotion für angemessen halten und wir uns von dieser leiten lassen, oder ob sie uns unangemessen scheint und wir auf dieser Basis einen anderen Weg einschlagen als den, den uns unsere Emotion gerade zeigt. Es ist nicht mehr, es ist aber auch nicht weniger. Ebenso wenig, wie ein Mensch das erste Auftreten von Hunger, Durst oder Müdigkeit unterdrücken kann, kann ein Mensch das Aufkommen von Angst, Ärger oder Schuld unterdrücken. Der Mensch ist aber in der Lage, diese Emotion wahrzunehmen, erst einmal innezuhalten und die ganz kleine Lücke zwischen dem Reiz und der Reaktion darauf zu nutzen, um zu entscheiden, was er mit dieser Emotion nun macht.

Um dies zu erreichen, ist der erste wichtige Schritt, achtsam – und damit meine ich aufmerksam – mit unseren Gefühlen und unseren dazugehörigen Gedanken umzugehen. Dies bedeutet, immer mal wieder in sich hineinzuhorchen, wahrzunehmen, was wir gerade fühlen und welche Gedanken uns durch den Kopf rasen.

Wir lassen uns also nicht mehr sofort von unseren Emotionen wegspülen, sondern werden erst einmal zum wertfreien und interessierten Beobachter unserer selbst. Wir entscheiden, ob wir uns von unserer Angst, unserem Stolz oder unserem Ärger treiben lassen oder eben auch mal nicht. Wird man zu einem solchen Beobachter, gehen einem Gedanken wie zum Beispiel: »Ach, das ist ja interessant, dass ich mich gerade ärgere« oder »Nanu, ich habe ja gerade Angst« durch den Kopf. Wichtig ist dann, nicht zu versuchen, diese Emotion sofort zu ändern oder wegzudrücken. Es geht vielmehr darum zu überlegen, was diese Emotionen einem sagen. Und genau dabei nützen die »Vokabeln« von Seite 70 f. Die Emotion »Angst« sagt, dass eine Gefahr droht. Auf dieser Basis können Sie überlegen, ob das tatsächlich so ist bzw. – denken Sie an das Phänomen des *emotionalen Schlussfolgerns* – ob die Gefahr wirklich so groß ist wie die Emotion, die Sie gerade verspüren. Allein diese Überlegung führt bei vielen schon zu einem Nachlassen der Emotion. Einfach aus der Erkenntnis, dass die Emotion nicht angemessen ist. Sie ist viel zu groß oder aber es besteht gar keine Gefahr.

Wer lernen möchte, seine Emotionen bewusster wahrzunehmen, findet auf Seite 215 ff. eine Methode sowie eine Übung aus dem Bereich der Achtsamkeitsmeditation. Hier geht es im Folgenden darum, wie ein akkurateres bzw. funktionaleres Denken in Bezug auf unsere Grundbedürfnisse gelingen kann.

Reflexion und Schlussfolgerung

Wie wir gesehen haben, führt die Veränderung von gewohnten Verhaltensweisen häufig auch zu einer anderen Art von Denken. Diesen Prozess können wir selbst bewusst steuern oder ein Therapeut oder Coach steuert ihn von außen, wenn er und sein Klient dies für sinnvoll erachten. Dies ist ein Weg zur persönlichen Weiterentwicklung. Im therapeutischen Bereich wird dies als Verhaltenstherapie und im nicht klinischen Bereich als Verhaltenstraining bezeichnet. Eine, ich will es noch einmal betonen, sehr effektive Methode.

Eine weitere Möglichkeit (sie kann gleichzeitig oder alleine angewendet werden) besteht darin, direkt an den spezifischen Haltungen, Werten, Glaubenssätzen bzw. Antreibern anzusetzen. Das, was Sokrates als *Einsicht* bezeichnet hat. Diese unterschiedlichen Begriffe beschreiben im Kern dasselbe: die tief in uns schlummernden *Arbeitsmodelle,* nach denen wir einen Großteil unserer täglichen Aktivitäten ausrichten. Diese haben wir durch ständige Wiederholung von unseren engen Bezugspersonen gelernt oder wir haben sie uns zum Schutz oder zur Befriedigung unserer psychologischen Grundbedürfnisse *selbst zurechtgelegt.* Dies fast immer unbewusst.

Diese Arbeitsmodelle sind außerordentlich machtvoll und führen zu wunderbaren Leistungen und Lebensläufen, wenn sie denn akkurat und funktional sind. Sind sie dies nicht oder in nur eingeschränktem Maße, können sie zwar auch außergewöhnliche Leistungen und Lebensläufe, aber gleichzeitig auch viel Leid bei uns selbst oder den Menschen, die uns umgeben, bewirken.

Diese internen Arbeitsmodelle sind zutiefst emotional und motivational. Nicht umsonst werden sie auch als *innere Antreiber* bezeichnet. Sie treiben uns vor sich her. Wir beschreiben sie mit Sätzen wie »Nur harte Arbeit zählt«, »Du musst dafür sorgen, dass es allen gut geht«, »Lass dir ja von niemandem etwas gefallen« oder »Sei perfekt«. Solche Sätze haben wir immer wieder gehört und sie sind dadurch, ohne dass wir sie je hinterfragt hätten, zu unseren ganz eigenen Sätzen, zu unseren eigenen Arbeitsmodellen geworden. Häufig geben wir sie dann auch direkt, unreflektiert, also ohne Prüfung auf ihre Sinnhaftigkeit, an unsere Kinder weiter. Oft haben wir uns diese Sätze aber auch selbst zurechtgelegt, weil es die beste Antwort auf eine bestimmte Situation war oder weil wir mit dem entsprechenden Verhalten gute Erfahrungen gemacht haben. Einem Kind, das permanent gehänselt wird (etwa wegen seiner Körpergröße) und das durch niemanden Unterstützung erfährt, fällt in einer solchen Situation eben häufig kein anderer Satz ein als: »Lass dir von niemandem etwas gefallen.« Und so wird es sich dann auch in Zukunft, seiner inneren Haltung folgend, verhalten.

Diese Haltungen haben, im Positiven wie im Negativen, in den allermeisten Fällen mit unseren psychologischen Grundbedürfnissen zu tun. Wie sollte es auch anders sein? Schließlich sind diese Grundbedürfnisse, neben den physiologischen, der Schlüssel zum Überleben eines jeden Individuums und somit unserer Spezies. Indem wir uns an andere Menschen binden, nach Möglichkeiten suchen, unseren Selbstwert zu erhöhen und diesen zu schützen, uns Orientierung und Kontrolle verschaffen, Dinge tun (wie z. B. essen, trinken, schlafen, Pause machen, Sex haben), die uns Lust bereiten, und dies alles in ein vernünftiges Gleichgewicht bringen, erhöhen wir unsere Überlebenschancen. Kein Wunder also, dass ihre Wirkung so machtvoll ist.

Lassen Sie uns deshalb noch einmal einen kurzen Blick auf ein paar, aus meiner Sicht, eher dysfunktionale und inakkurate innere Antreiber und Arbeitsmodelle werfen:

Orientierung und Kontrolle
- »Hab immer alles unter Kontrolle« (Annäherung)
- »Leg dich nicht fest« (Vermeidung)

Bindung
- »Du musst Konflikte unbedingt vermeiden« (Annäherung)
- »Du kannst niemandem vertrauen« (Vermeidung)

Lustgewinn und Unlustvermeidung
- »Hauptsache, Spaß im Leben« (Annäherung)
- »Das Leben ist nun mal kein Zuckerschlecken« (Vermeidung)

Selbstwerterhöhung und Selbstwertschutz
»Zeig, was du kannst« (Annäherung)
»Lass lieber die anderen machen« (Vermeidung)

Kohärenz
- »Die Welt muss immer gerecht und fair sein« (Annäherung)
- »Nichts ist vorhersagbar, es zählt nur Flexibilität« (Vermeidung)

Wie man sieht, bringen diese extremen Arbeitsmodelle nicht nur Negatives mit sich. Wer nach dem Grundsatz lebt, dass die Welt gerecht und fair sein muss, wird sich wahrscheinlich entsprechend verhalten. Da die Welt aber häufig nicht so ist, wird er sich über die Ungerechtigkeit und Unfairness und damit die Inkohärenz dieser Welt ärgern und schlimmstenfalls ein Magengeschwür dabei entwickeln. Insbesondere weil diese Menschen sich selbst oft tatsächlich vorbildlich verhalten (ihr Tablett bei McDonalds selbst zurückbringen etc.) und überhaupt nicht verstehen können, warum andere Menschen dies nicht tun.

Entsprechend ist es sehr hilfreich, bei sich selbst dysfunktionale Haltungen und Antreiber zu identifizieren, um in einen Entwicklungsprozess einzusteigen. Für jemanden, der nach dem inneren Antreiber »Die Welt sollte gerecht und fair sein« agiert, bedeutet es nicht, sich zu sagen: »Die Welt ist halt ungerecht und unfair, akzeptier es und fang auch an, dich so zu verhalten.« Das wäre Blödsinn. Es könnte für ihn vielmehr heißen, sich weiter für mehr Fairness und Gerechtigkeit einzusetzen, aber auch zu akzeptieren, dass das nicht immer möglich ist, und entsprechend sein Seelenheil nicht so bedingungslos davon abhängig zu machen. Solch eine Haltung ist aus meiner Sicht eine *emotional reifere*. Sie wird die Lebensqualität dieses Menschen verbessern.

Arbeiten wir Psychologen im Rahmen einer Psychotherapie an solchen Haltungen, sprechen wir von einer kognitiven Therapie, bei einem Coaching wäre es analog ein kognitives Training, wobei es hierfür noch keine festgeschriebene Bezeichnung gibt. Es geht darum, nicht über die Veränderung des Verhaltens, sondern über die Auseinandersetzung mit dysfunktionalen oder inakkuraten Haltungen eine Verbesserung des Wohlbefindens, also des emotionalen Zustandes zu erreichen. Innere Haltungen meinen natürlich nicht (wie viele fälschlicherweise glauben), dass diese Sätze quasi in unser Gehirn hineingeschrieben wären. Und dass man dort einfach nur einen anderen Satz »platzieren« müsse, und alles wäre erledigt. So funktioniert das aber nicht, da es nicht um ein sprachliches, sondern um ein emotionales bzw. motivationales Phänomen geht.

Situationen oder Gedanken daran lösen in uns eine Emotion aus und die Spezifität dieser Emotion, ihre Besonderheit oder Größe, erlaubt uns Rückschlüsse auf unsere bedürfnisbezogenen Haltungen. Das ist dann die überbordende Freude und Motivation des Perfektionisten, der eine Präsentation für das nächste Vorstandsmeeting seines Chefs vorbereiten darf und seinen Perfektionsdrang darin ausleben kann, oder es sind die quälenden Schuldgefühle einer Frau, die aufgrund eines Todesfalls in der eigenen Familie ihrer besten Freundin nicht wie versprochen beim Umzug helfen kann. Die auftretenden Emotionen erlauben uns einen Rückschluss auf die Haltungen, in den beschriebenen Fällen »Sei perfekt!« und »Mache es allen recht, um geliebt zu werden!«. Derjenige, der an einer solchen Haltung arbeitet, wird also eine dauerhafte Veränderung nicht daran erkennen, dass er plötzlich andere »Sätze in seinem Gehirn« hat, sondern dass die Emotionen andere sind. Der Perfektionist wird weniger Angst haben, vielleicht doch einen Fehler übersehen zu haben, und die, die es allen recht machen wollen, werden weniger Schuldgefühle haben, wenn sie mal ihren eigenen Bedürfnissen nachgehen.

Dass es nicht immer so einfach ist, sich in all diesen Bereichen zu entwickeln, brauche ich Ihnen sicherlich nicht zu erzählen. Es gelingt jedenfalls nicht über den Weg: »Ich denke dann halt was anderes und schon geht es mir besser.« Verstehen Sie mich an dieser Stelle nicht falsch: In einer Drucksituation mal die Perspektive zu ändern und statt daran zu denken, was schiefgehen könnte, sich auf vergangene Erfolge zu besinnen bzw. sich seine Stärken und Situationen, in denen man diese gezeigt hat, vor Augen zu führen, funktioniert tatsächlich oft. Es hilft aber meistens nur situationsspezifisch und führt nicht zu dauerhaften Veränderungen einer tief in uns schlummernden Selbstwertproblematik. Dazu braucht es viel mehr Zeit, nötig ist die Auseinandersetzung mit uns selbst und, aus meiner Sicht, auch die Bereitschaft regelmäßig unsere Komfortzone zu erweitern. Wir können viel darüber reden, aber wir müssen eben auch einmal etwas anderes tun, etwas Neues ausprobieren, auch wenn dies zunächst mit unangenehmen Gefühlen verbunden ist. Viele Autoren von Selbsthilferatgebern suggerieren den Lesern, sie bräuchten nur Einstellung A durch Einstellung B zu ersetzen und schon wäre alles in Ordnung. Wie schön wäre es, wenn dies so leicht wäre. Ist es aber in der Regel nicht.

Unsere Werte, inneren Antreiber, Einstellungen können sich eben nur von innen heraus ändern. Nehmen wir zur Veranschaulichung die Muskulatur. Sie stellen vielleicht fest, dass Ihre Oberarmmuskeln ziemlich schlaff sind, und wünschen sich festere Oberarmmuskeln. Dies wird aber nicht dazu führen, dass sie fester werden. Sie werden sich anstrengen und diesen Muskeln ein paar »Angebote« unterbreiten müssen. Also zum Beispiel regelmäßig Liegestützen oder Klimmzüge machen. Ihre Muskeln werden dann anfangen sich zu entwickeln. Allerdings aus sich selbst heraus und nur auf der Basis der Anstrengung, die Sie bereit sind aufzubringen. Sie werden die Muskeln auch nicht bis ins Unendliche wachsen lassen können. Der Muskel setzt Ihnen aus sich selbst heraus Grenzen und »entscheidet« auch selbst darüber, wie schnell er wächst. Manche Menschen gehen einen Monat lang zwei Mal die Woche in ein Fitnessstudio und haben danach riesige Oberarme, während man bei anderen so gut wie nichts sieht.

Bezogen auf unsere Werte und Haltungen bedeutet dies: Sie können Ihren Werten Angebote machen, indem Sie mit sich selbst oder im Gespräch mit einem Freund oder einem Fremden in einen Diskurs, einen sokratischen Dialog gehen. Ebenso können Sie sich entgegen Ihrer Werte und inneren Antreiber verhalten und beobachten, ob diese sich langsam verändern. Es gibt aber erst einmal keine Garantie. Ihr Wertempfinden wird darüber entscheiden, ob es richtig ist, was Sie da tun, ob es wirklich zu Ihnen passt. Manchmal verändert sich unsere Sicht auf eine Situation schlagartig. Ich wollte zum Beispiel als Jugendlicher in Frankreich, wie viele andere auch, immer ganz cool sein und habe mich deswegen beim Autofahren nie angeschnallt. Mich anzuschnallen, insbesondere im Beisein von jungen, hübschen Frauen, wäre für mich und meinen Selbstwert ganz fürchterlich gewesen. Da konnte mich auch niemand vom Gegenteil überzeugen. Bis zu dem Tag, an dem ich einen sehr schweren Verkehrsunfall hatte, den ich durch unglaubliches Glück fast unverletzt überlebt habe. Ab diesem Tag fand ich es dämlich, sich nicht anzuschnallen, und ich hatte auch kein Gefühl der Peinlichkeit mehr (verlorenes Standing, Sie erinnern sich an die Sprache der Emotionen), wenn ich im Beisein einer jungen Dame, die mir gefiel, den Gurt anlegte. Meine Emotion und mein Wertempfinden hatten sich nach diesem Ereignis entwickelt.

Natürlich können wir solche Entwicklungsprozesse fördern und müssen nicht auf solch dramatische Ereignisse warten. Einmal durch das oben beschriebene Verlassen unserer Komfortzone (ich schnalle mich jetzt einfach mal an und schaue, ob das Peinlichkeitsgefühl irgendwann nachlässt) oder durch eine ehrliche Auseinandersetzung und Reflexion unserer inneren Haltungen, die dann hoffentlich zu akkuraten und funktionalen Haltungen führen. (Wer in einen sokratischen Dialog mit sich treten möchte, sollte, falls noch nicht geschehen, nun zu Tool 2 auf Seite 199 gehen, um gegebenenfalls zu neuen *Einsichten* und somit zu neuen Emotionen zu kommen.)

Drei wichtige Punkte bei der Befriedigung von Bedürfnissen

Externe Angriffe auf die Bedürfnisse

Womöglich ist nun bei dem einen oder anderen der Eindruck entstanden, dass solche Ungleichgewichte immer durch uns selbst verursacht werden. Ein Mensch hat ein übertriebenes oder zu schwach ausgeprägtes Bedürfnis nach Orientierung und Kontrolle oder nach Lustgewinn und Unlustvermeidung und schwupps, dahin ist das Gleichgewicht und er wird zu einem Getriebenen, der ständig nach Orientierung und Kontrolle oder Lust sucht oder zwanghaft vermeidet, ein wenig Ordnung oder Spaß in sein Leben zu bringen.

Dem ist aber nicht so und dies können wir uns am besten verdeutlichen, wenn wir uns jemanden vorstellen, der eine perfekte Balance in Bezug auf seine Grundbedürfnisse hat (es wäre in etwa so ein Mensch, wie ich ihn in Kapitel 1 (siehe S. 47) beschrieben habe). Würde so jemand niemals ein Ungleichgewicht erleben? Sicherlich nicht und dies hat zwei Gründe.

Zum einen kann auch noch im Erwachsenenalter eines der Grundbedürfnisse stark in Mitleidenschaft gezogen werden. Kündigungen, Trennungen, Naturkatastrophen, Überfälle, all diese Ereignisse können wie gesagt dazu führen, dass selbst sehr ausgeglichene Menschen plötzlich dauerhaft extremere Verhaltensweisen entwickeln. Beispielsweise wenn jemand nach einer durch starken Stress ausgelösten Panikattacke zwanghaft bestimmte Orte meidet, also an einem Paniksyndrom mit Agoraphobie erkrankt ist, so wie ich es im Vorwort beschrieben habe. Das Erlebnis eines einmaligen Kontrollverlusts hat sie in eine andauernde Alarmbereitschaft versetzt und durch ihr extremes Vermeidungsverhalten versuchen sie, dieses Bedürfnis nach Kontrolle zu schützen. Wir wissen aus der Forschung, dass Menschen, die im engeren Sinne des Begriffs über *Resilienz* verfügen, besser mit solchen Situationen bzw. Rückschlägen umgehen können. Sie erholen sich schneller von ihnen. Ganz einfach, weil sie starke und stärkende Bindungen haben, weil sie täglich erleben, dass das Leben auch Spaß machen kann, weil sie wissen, wo sie hinwollen und glauben, es durch eigene Anstrengung erreichen zu können, weil sie einen Sinn in ihrem Leben sehen und ihnen auch klar ist, dass das Leben nicht immer gerecht zu einem ist. All das schützt sie und macht ihr »psychologisches Immunsystem« robuster, es kann aber niemals ein hundertprozentiger Schutzschild gegen alle Widrigkeiten des Lebens sein.

Zum anderen werden unsere Grundbedürfnisse permanent in Mitleidenschaft gezogen, ohne dass ein dauerhafter Schaden bzw. eine dauerhafte Verhaltensänderung daraus resultieren würde. Ein neuer Chef kritisiert uns plötzlich vor allen anderen (Verletzung unserer Rechte ▶ Selbstwert ▶ Ärger), der Arbeitgeber, bei dem wir bis zur Rente bleiben wollten, meldet Insolvenz an (zukünftige Gefahr ▶ Orientierung und Kontrolle ▶ Angst) oder unser Partner entscheidet sich zur Trennung (Verlust ▶ Bindung ▶ Traurigkeit). All dies greift unsere Grundbedürfnisse an und bringt sie und damit auch uns selbst erst einmal aus der Balance. Doch wenn ein ausgeglichener Mensch auf eine Ausnahmesituation trifft, wird er nicht zuletzt aufgrund seiner emotionalen Reife adäquat darauf reagieren können.

Die Angst, der Ärger und die Traurigkeit werden angemessen sein und mit hoher Wahrscheinlichkeit auch zu einem entsprechenden Verhalten führen (akkurat und funktional).

Zusammenfassend heißt dies: Bitte vergessen Sie nie, dass Ihnen Ihre Emotionen akkurat zeigen können, dass gerade eines Ihrer Grundbedürfnisse verletzt wird. Sie sollten dann nicht anfangen, an sich zu arbeiten, sondern Einfluss auf die externen Faktoren nehmen. In den oben geschilderten Fällen also mal ein Gespräch mit Ihrem Chef führen, schauen, wie Sie eine neue Stelle finden oder wie Sie Ihr Bedürfnis nach Bindung wieder befriedigen können.

Bedürfnisse untereinander ausbalancieren

Eine vollkommene Balance aller Grundbedürfnisse ist äußerst selten. Wahrscheinlich sind es die Momente echten Glücks und totaler Zufriedenheit, in denen man das Gefühl hat, dass nun gerade alles so bleiben kann, wie es ist. Wir sind permanent dabei zu versuchen, eine innere Kohärenz, eine innere Balance herzustellen, sei es nun auf der Basis von teils sehr extremen inneren Arbeitsmodellen (z. B. »Du musst es allen recht machen, um geliebt zu werden«), sei es auf der Basis weniger extremer, akkuraterer interner Arbeitsmodelle (z. B. »Denk an die anderen, aber gleichzeitig auch an dich«).

Dementsprechend können Menschen aufgrund *externer Erfordernisse* ihre ganze Konzentration auf einzelne Grundbedürfnisse richten. Auch das ist normal. Ein Absolvent, der neu im Job ist und erst einmal ziemlich orientierungslos durch die Büros läuft und auch so in Meetings sitzt, erlebt einen Angriff auf sein Bedürfnis nach Orientierung und Kontrolle. Er wird einen Großteil seiner Energie dafür verwenden, möglichst schnell dieses Bedürfnis zu befriedigen. Vielleicht wird er vorübergehend ein paar Überstunden machen, seine Beziehung etwas vernachlässigen und seinen geliebten Hobbys weniger nachgehen. All das ist normal und hat nichts mit einem überzogenen Bedürfnis nach Orientierung und Kontrolle zu tun.

Hält jemand solch ein Ungleichgewicht dauerhaft aufrecht bzw. bevorzugt er bestimmte Grundbedürfnisse, so hat dies allerdings mehr mit ihm selbst als mit der Situation zu tun. Es handelt sich zum Beispiel um Menschen, die ihre ganze Lebensenergie in ihre Karriere (Selbstwert und/oder Orientierung und Kontrolle) stecken. Sie können dann gar nicht anders, als andere Bedürfnisse, wie zum Beispiel das nach Bindung oder nach Lustgewinn, zu vernachlässigen. Der Tag hat einfach nur 24 Stunden und da bleibt dann häufig keine Zeit für diese anderen wichtigen Dinge im Leben. Andere wiederum setzen alles daran, Lust und Freude zu erleben und gleichzeitig Situationen, in denen ihr Selbstwert in Mitleidenschaft gezogen werden könnte, z. B. Prüfungen, zu meiden. Sie haben sehr viel Spaß am Leben, kommen aber beruflich nicht voran.

Kurz- bis mittelfristig sind diese Verhaltensweisen eher unproblematisch. Häufig werden Personen, die sie zeigen, sogar etwas neidisch von ihren Mitmenschen beäugt. »Wahnsinn, was der für eine Karriere macht« oder »Ich arbeite nur und du hast so viel Freizeit und Spaß« sind Sätze, die diese immer wieder zu hören bekommen. Doch die Gefahr dabei ist offensichtlich. Diese Menschen gehen das Risiko ein, einige ihrer ganz grundlegenden psychologischen Grundbedürfnisse zu vernachlässigen und dadurch später in emotional negative Zustände zu geraten. Wenn etwa der oben geschilderte Arbeitswütige einen Burn-out erleidet, da er sich überhaupt nicht mehr um sich selbst gekümmert hat, keine Pausen mehr gemacht hat; er empfindet keine Lust mehr am Leben und findet sich in einer Situation der Depression und vollkommenen Hoffnungslosigkeit wieder.

Um das noch mal zu betonen: Ich möchte Ihnen auf keinen Fall sagen, wie man richtig lebt. Dies kann und muss jeder für sich selbst entscheiden. Ich möchte Sie nur dazu ermutigen, immer mal wieder auf Ihre fünf Grundbedürfnisse zu schauen und sich alle paar Monate einige Minuten Zeit zu nehmen, um zu reflektieren, welche psychologischen Grundbedürfnisse bei Ihnen gerade im Mittelpunkt stehen.

Alle, die dies machen möchten, finden in Teil II dieses Buches (siehe S. 221 f.) eine entsprechende Vorlage. Vielleicht tragen Sie sich auch regelmäßige Termine in Ihrem Kalender ein, um diese Analyse durchzuführen. Vielleicht wird Ihnen auffallen, dass immer dieselben Grundbedürfnisse im Mittelpunkt stehen und Sie immer dieselben vernachlässigen. Vielleicht erklärt dies dann auch den emotional eher negativen Zustand, in dem Sie sich seit ein paar Wochen befinden? Vielleicht merken Sie bei dieser regelmäßigen Analyse aber auch, dass Sie eigentlich sehr balanciert mit Ihren Grundbedürfnissen umgehen (weshalb Sie in der Regel ziemlich zufrieden mit sich und der Welt sind).

Wer mich oder mein erstes Buch kennt, weiß, dass ich kein großer Freund von Tipps, Ratschlägen und Checklisten bin. Mir ist es viel wichtiger, und es ist langfristig auch effektiver, Menschen bei Erkenntnisprozessen zu begleiten. Wer zu viel Alkohol trinkt, wer permanent an sich zweifelt oder seinen Mitarbeitern mit seinem Kontrollwahn auf die Nerven geht, weiß – zumindest theoretisch – was zu tun ist. Die Leistung, die wir Coaches erbringen, liegt darin, jemandem dabei zu helfen, die Ursachen für eine schwierige Situation zu entdecken, um auf dieser Basis etwas anders als bisher zu machen. Dass dies nicht immer leicht ist, wissen Sie aus eigener Erfahrung und aus dem Kapitel »Die Komfortzone erweitern«. Es ist eben nicht leicht, mit dem Rauchen aufzuhören, weniger Süßigkeiten zu essen oder mehr Sport zu machen.

Denjenigen unter Ihnen, die nun aber Checklisten und Ratschläge lieben, möchte ich an dieser Stelle gerne noch ein paar Tipps mitgeben. Sie finden außerdem in Teil II dieses Buches einen Fragebogen zur Selbsteinschätzung (siehe S. 223 ff.). Die Frage, die ich also beantworten will, ist: Was kann jemand ganz grundsätzlich tun, um seine fünf psychologischen Grundbedürfnisse zu fördern?

Hier meine jeweiligen Top 5:

Orientierung und Kontrolle

1. Machen Sie sich bewusst, was Sie im Leben erreichen möchten, was Sie mit Ihrem Leben anfangen wollen.
2. Achten Sie darauf, dass es Bereiche gibt, in denen Sie Entscheidungen treffen können.
3. Planen Sie Ihre Zukunft und besonders die Zeit, wenn Sie nicht mehr arbeiten werden.
4. Verändern Sie immer mal wieder etwas in Ihrem Leben. Verlassen Sie Ihre Komfortzone.

5. Machen Sie sich bewusst, dass Sie das Heft selbst in der Hand haben. Sie bestimmen über ihr Leben.

Lustgewinn und Unlustvermeidung
1. Kennen Sie Ihre Stärken.
2. Tun Sie Dinge, bei denen Sie Ihre Stärken einsetzen können.
3. Machen Sie sich bewusst, was Ihnen wirklich Spaß macht.
4. Tun Sie regelmäßig Dinge, an denen Sie wirklich Spaß haben, die Ihnen Freiräume verschaffen und die Sie nicht gleichzeitig übermäßig Energie kosten (Arbeit oder die Kinder können zum Beispiel sehr viel Freude bereiten, kosten aber auch viel Energie).
5. Tun Sie auch mal nichts, faulenzen, meditieren Sie und legen Sie Ihr Smartphone zur Seite.

Selbstwerterhöhung und Selbstwertschutz
1. Stellen Sie sich immer mal wieder einer Herausforderung.
2. Lassen Sie andere Menschen Ihren Selbstwert nicht mit Füßen treten.
3. Akzeptieren Sie sich, wie Sie sind, indem Sie Ihre Stärken und Schwächen kennen und annehmen. Schmunzeln Sie über sich.
4. Machen Sie sich immer mal wieder bewusst, was Sie schon erreicht haben.
5. Suchen Sie bei Rückschlägen und Misserfolgen die Schuld nicht nur bei sich.

Bindung
1. Gehen Sie enge Bindungen ein zu ein paar Menschen, die für Sie besonders sind.
2. Pflegen Sie die Bindungen zu diesen Menschen.
3. Lassen Sie sich in schwierigen Situationen von anderen helfen.

4. Unterstützen Sie regelmäßig andere Menschen, ob Sie diese nun persönlich kennen oder nicht.

5. Seien Sie auch mal nur mit sich alleine.

Kohärenz

1. Geben Sie Ihrem Leben einen Sinn, etwas, wofür es sich lohnt zu leben.

2. Wählen Sie eine berufliche Tätigkeit, die Sie als sinnvoll empfinden, und machen Sie sich bewusst, dass Sie Teil von etwas Größerem sind.

3. Akzeptieren Sie, dass Menschen und unsere Welt nicht perfekt sind.

4. Akzeptieren Sie, dass es auch mal Situationen des Ungleichgewichts geben kann, die nicht sofort gelöst werden können, und dass das Leben auch aus »schweren Momenten« besteht.

Und schließlich:

5. *Kümmern Sie sich in ausgewogener Weise um Ihre Grundbedürfnisse.*

Zusammenfassung

Emotional Leading bedeutet im Hinblick auf uns selbst, dass wir unsere Emotionen und die dazugehörigen Gedanken bewusster wahrnehmen und verstehen, welche Themen hinter unseren Emotionen stecken. Es bedeutet zu wissen, dass unsere Emotionen, ebenso wie Hunger und Sättigung in Bezug auf das körperliche Bedürfnis nach Nahrungsaufnahme, Zeichen für die Verletzung oder Befriedigung unserer psychologischen Grundbedürfnisse sind. Es bedeutet zu wissen, dass unsere Genetik und unsere früheren Erfahrungen zu extremen Annäherungs- oder Vermeidungstendenzen führen können, und dass diese extremen Verhaltensweisen nicht zwangsläufig »schlecht« sind, weil aus ihnen erstaunliche Leistungen entstehen können und sie zur Persönlichkeitsbildung beitragen.

Und es bedeutet schließlich, die Zügel in die Hand zu nehmen, um selbst darüber entscheiden zu können, ob wir uns in einer Situation von unseren Emotionen leiten lassen wollen oder lieber doch nicht. Letzteres ganz einfach, weil sie vielleicht aufgrund einer Fehleinschätzung (in Bezug auf uns selbst oder die Situation) übertrieben und uns deshalb gerade kein guter Ratgeber sind, oder weil sie dysfunktional und somit in der Situation nicht zielführend sind.

Dies alles kann uns gelingen, wenn wir unser Verhalten konsequent auf unsere psychologischen Grundbedürfnisse ausrichten. Wenn wir versuchen, auch mal etwas anders zu machen und anders über eine Situation und uns selbst zu denken. Es ist ein teils steiniger und von Rückschlägen gesäumter Weg, aber es wartet am Ende die schönste Belohnung, die man sich für sich selbst und seine Nächsten wünschen kann: positive Emotionen.

All dies zu wissen, hilft Ihnen für Ihre eigene Person, aber auch, um gemeinsam mit Ihrem Team Ziele zu erreichen. Ganz einfach, weil Sie dadurch zentrale Erfolgsfaktoren von Führung entwickeln: Ihre *emotionale Intelligenz* und die dazugehörige *emotionale Reife*. Um das Team, die Mitarbeiter geht es nun im nächsten Kapitel dieses Buches.

4 Emotional Leading: Mitarbeiter

Bücher zum Thema Mitarbeiterführung gibt es viele. Sehr viele sogar und darunter auch etliche gute, beispielsweise die Bücher von Fredmund Malik oder von Reinhard Sprenger, dem »Management-Guru«. Angehende oder bereits erfahrene Führungskräfte finden in diesen Büchern zahlreiche Empfehlungen, wie sie ihre Mitarbeiter »richtig« führen können. Sie alle haben sich in der Praxis bewährt und beruhen vor allem auf einem: langjähriger Erfahrung.

Ich selbst möchte Ihnen mit dem *Modell der emotionalen Führung*, um das es zentral in diesem letzten Kapitel gehen wird, eine Ergänzung an die Hand geben. Deren wissenschaftliches Fundament sind einerseits, wie sollte es auch anders sein, die gut erforschten fünf psychologischen Grundbedürfnisse des Menschen und andererseits eine Studie, die Sie weiter unten genauer kennenlernen werden.

Nach der Lektüre werden Sie verstehen, warum empfohlene Verhaltensweisen funktionieren und damit auch, warum Sie diese anwenden sollten.

Das Modell der emotionalen Führung

Wann immer ich in den vergangenen Jahren das *Modell der emotionalen Führung* bei Vorträgen und Führungskräftetrainings vorgestellt habe, bin ich in einer ähnlichen Weise vorgegangen. Und zwar nutzte ich wieder die Schwarmintelligenz einer Gruppe und bat die Teilnehmer, mir folgende einfache Frage zu beantworten:

»Welches Führungsverhalten zeigt eine gute Führungskraft?«

Wenn die Zuhörer Schwierigkeiten mit der Frage haben, kann man sie auch folgendermaßen stellen:

»Welches Führungsverhalten erwarten Sie selbst von Ihrer Führungskraft?«

Diese Variante macht die Frage konkreter, denn die meisten Menschen hatten im Laufe ihrer beruflichen Laufbahn in der Regel schon mindestens einmal eine für sie selbst gute und eine für sie schlechte Führungskraft. Es geht an dieser Stelle wohlgemerkt nicht um Managementthemen wie zum Beispiel Budgetplanung, Strategieentwicklung oder Innovationsfähigkeit. Es geht um das *reine* Thema Führung, also alles, was direkt mit den eigenen Mitarbeitern, den Menschen zu tun hat. Was würden Sie nun antworten, wenn Sie einer der Teilnehmer wären? Wahrscheinlich etwas in dieser Richtung:

1. Die Führungskraft soll ein Vorbild sein.
2. Sie soll authentisch sein, nichts vorspielen.
3. Sie soll selbst stolz sein, für das Unternehmen zu arbeiten.
4. Sie soll auch in schwierigen Situationen hinter mir stehen und loyal zu mir halten.
5. Sie soll mir spannende Aufgaben übertragen.
6. Sie soll mir zuhören und mich unterstützen, auch wenn es mir mal schlecht geht.
7. Sie soll mir ein ehrliches Feedback geben (positiv wie negativ).
8. Sie soll mich für gute Leistungen loben.
9. Sie soll mir sagen, was ihre Ziele sind und was sie von mir erwartet.
10. Sie soll mich in einem angemessenen Rahmen selbst Entscheidungen treffen lassen.

Und schon haben wir eine wunderbare Top-10-Liste wünschenswerter Verhaltensweisen, anhand derer die anwesenden Führungskräfte in eine Selbstreflexion einsteigen können (z. B.: Wie sehr achte ich darauf, meinen Mitarbeitern spannende Aufgaben zu übertragen?), um die Verhaltensweisen dann in Rollenspielen zu üben und sie anschließend idealerweise in die Praxis und ihren Führungsalltag einfließen zu lassen. So viel zum Einmaleins eines Trainings.

Oder aber man baut, bevor es an die Umsetzung geht, noch einen Zwischenschritt ein. So mache ich das jedenfalls. Und zwar erläutere ich den Teilnehmern die fünf psychologischen Grundbedürfnisse und welche Konsequenzen ihre Befriedigung bzw. Nicht-Befriedigung hat. Sie erinnern sich: das Auftreten positiver bzw. negativer Emotionen. Nach diesen beiden Schritten ist der dritte einfach, nämlich die Gruppe zu fragen:

»Für welche der fünf Grundbedürfnisse sind Ihre eben genannten Top-10-Verhaltensweisen relevant?«

Nur in den allerwenigsten Fällen wird man ein Führungsverhalten finden, das nicht auf eines oder mehrere der fünf psychologischen Grundbedürfnisse abzielt. Die folgende Tabelle zeigt, auf unser Beispiel bezogen, wie das aussehen kann:

Grundbedürfnisse	Führungsverhalten				
	Kohärenz	Orientierung & Kontrolle	Selbstwert	Bindung	Lustgewinn
Die Führungskraft soll ein Vorbild sein	x				
Sie soll authentisch sein, nichts vorspielen	x	x			
Sie soll selbst stolz sein, für das Unternehmen zu arbeiten	x			x	
Sie soll hinter mir stehen und loyal zu mir halten	x		x	x	
Sie soll mir spannende Aufgaben übertragen					x
Sie soll mir zuhören und mich unterstützen, auch wenn es mir mal schlecht geht			x	x	
Sie soll mir ehrliches Feedback geben (positiv wie negativ)		x	x		x
Sie soll mich für gute Leistungen loben			x		x
Sie soll mir sagen, was ihre Ziele sind und was sie von mir erwartet		x			
Sie soll mich in einem angemessenen Rahmen selbst Entscheidungen treffen lassen		x	x		

Sie sehen, dass Sie beispielsweise mit dem »einfachen« Führungsverhalten »Dem Mitarbeiter ehrliches positives wie negatives Feedback geben« nicht nur auf sein Bedürfnis nach Orientierung Einfluss nehmen, sondern, im Falle eines positiven Feedbacks, auch auf die Bedürfnisse nach Selbstwerterhöhung und nach Lustgewinn. Wer wäre nicht stolz, von seinen Stärken zu hören? Wer würde sich nicht freuen, wenn die gute Leistung, die er erbracht hat, bemerkt wird und Lob findet?

Eine Führungskraft nimmt Einfluss auf die psychologischen Grundbedürfnisse, also auf einen Bereich, der ganz zentral das Verhalten und Erleben bestimmt. Ja, die Mehrzahl der Führungskräfte möchte motivierte, zufriedene und stolze Mitarbeiter, aber bedenken Sie, wie schon im letzten Kapitel, in dem es um Sie selbst ging: Diese Emotionen verfolgen keinen Selbstzweck, sind nicht das Ziel. Sie sind »lediglich« das Ergebnis einer guten Bedürfnisbefriedigung. Und genau das ist hier die Kernaussage des Modells der emotionalen Führung:

Emotionale Führung bedeutet, dass eine Führungskraft ihr Verhalten konsequent auf die psychologischen Grundbedürfnisse des Mitarbeiters ausrichtet.

Dem Mitarbeiter also Orientierung gibt, indem sie ihm sagt, was sie von ihm erwartet, regelmäßig mit ihm kommuniziert und ihm, auf der Basis seiner Stärken und Schwächen, bei der Karriereplanung hilft. Ihm ein Gefühl der Kontrolle gibt, indem sie ihn selbst Entscheidungen treffen und seine Arbeitsabläufe selbstständig gestalten lässt. Seinen Selbstwert fördert, indem sie ihn für eine gute Leistung lobt und ihn neue Herausforderungen bewältigen lässt. Seine Freude (Lust) am Arbeiten fördert, indem sie ihm Aufgaben überträgt, die zu seinen Stärken passen. Ihm ein Gefühl der Bindung vermittelt, indem sie zeigt, warum es schön ist, für das Unternehmen zu arbeiten, und auch mal für den Mitarbeiter da ist, wenn etwas nicht so gut läuft. Und schließlich sein Kohärenzerleben fördert, indem die Führungskraft selbst das tut, was sie predigt, widersprüchliche Informationen erklärt und den hinter der Arbeit stehenden Sinn vermittelt. Und dies ist nur ein Bruchteil aller möglichen Verhaltensweisen, die eine Führungskraft zeigen kann, um die psychologischen Grundbedürfnisse anzusprechen. Hier muss eine Führungskraft immer selbst überlegen, wie sie dies auf der Basis des spezifischen Arbeitsumfeldes realisieren kann. Einem am Fließband stehenden Mitarbeiter Entscheidungsspielraum zu geben, ist etwas ganz anderes als bei einem Mitarbeiter der Marketingabteilung.

Wenn eine Führungskraft das grundlegende Prinzip emotionaler Führung verinnerlicht hat, braucht sie keine Listen mehr zu empfohlenen Führungsverhaltensweisen. Es reicht, die fünf Grundbedürfnisse zu kennen und sich regelmäßig die Frage zu stellen, ob sie mit ihrem Verhalten adäquat Einfluss auf sie nimmt und wie sie dies, sollte es ihr notwendig erscheinen, verstärkt ihrem Arbeitsbereich und der Unternehmenskultur anpassen kann.

Nicht mehr, aber auch nicht weniger.

Die Studie Führung, Gesundheit und Resilienz

Wir, und damit meine ich die Bertelsmann-Stiftung in Gütersloh und meine Unternehmensberatung, haben im Jahr 2013 eine Studie zu der oben formulierten Hypothese, dass ein emotionales und somit bedürfnisorientiertes Führungsverhalten einen positiven Einfluss auf die Gesundheit und Leistungsfähigkeit der Mitarbeiter hat, durchgeführt. Die Studie wurde vom Diplom-Psychologen und Wissenschaftler Kai Trumpold von der Goethe-Universität Frankfurt wissenschaftlich begleitet. Um die Hypothese zu prüfen, wurden insgesamt 564 Personen (347 Mitarbeiter und 217 Führungskräfte) deutscher Unternehmen untersucht. Folgende Daten interessierten uns besonders:

1. In welchem Ausmaß zeigen die Führungskräfte der untersuchten Personen (auch Führungskräfte haben eine Führungskraft) laut deren Einschätzung ein emotionales/bedürfnisorientiertes Führungsverhalten?
2. Wie wirkt sich emotionale Führung auf die Zufriedenheit mit der eigenen Führungskraft aus?
3. In welchem Zusammenhang stehen emotionale Führung und Arbeitszufriedenheit insgesamt?
4. Welche Bezüge gibt es zwischen emotionaler Führung und den Werten auf den drei Burn-out-Skalen *emotionale Erschöpfung, Zynismus* und *Gefühl der Leistungsfähigkeit?*
5. Wie sehen die Zusammenhänge zwischen emotionaler Führung und psychosomatischen Beschwerden der untersuchten Personen aus?

Um das Ausmaß an *emotionalem* (also einem bedürfnisorientierten) *Führungsverhalten* zu messen, wurde eigens ein Fragebogen entwickelt. Auf der Basis einer statistisch präzisen Fragenauswahl (Faktorenanalyse) wurden Führungsverhaltensweisen festgelegt, die einen starken Einfluss auf die jeweiligen Grundbedürfnisse haben und somit, unserer Hypothese entsprechend, grundsätzlich eine positive Auswirkung auf die Emotionen der Mitarbeiter haben sollten.

Hier jeweils ein Beispiel für ein solches Führungsverhalten.

- **Kohärenz**: »Meine Führungskraft vermittelt mir die Sinnhaftigkeit meiner Arbeit.«
- **Orientierung und Kontrolle**: »Meine Führungskraft gibt

mir die Möglichkeit, meine Arbeitsabläufe selbstständig zu gestalten.«

- **Bindung**: »Meine Führungskraft betont, dass wir ein starkes Team sind.«
- **Selbstwert**: »Meine Führungskraft lobt mich für gute Arbeit.«
- **Lustgewinn**: »Meine Führungskraft sorgt für eine angenehme und entspannte Atmosphäre.«

Alle anderen Variablen wie zum Beispiel psychosomatische Beschwerden oder das Ausmaß an Burn-out-Symptomen wurden mithilfe bereits bestehender wissenschaftlicher Instrumente erhoben. Die Güte der insgesamt erlebten Führung wurde an der sehr strengen Formulierung »Dies ist eine der besten Führungskräfte, für die ich je gearbeitet habe« gemessen. Wer kann das schon von seiner derzeitigen Führungskraft behaupten? Diese, ebenso wie die Mehrzahl der anderen Aussagen, konnten die untersuchten Personen mit einer fünfstufigen Skala von »trifft überhaupt nicht zu« bis »trifft voll zu« einschätzen.

Die Korrelationen zwischen den einzelnen Variablen wurden berechnet und es wurde ermittelt, ob diese eher gering, mittel oder stark waren. Die Ergebnisse bestätigten vollständig unsere Hypothesen – allerdings in einer von uns nicht erwarteten Deutlichkeit.

Die vier wichtigsten Ergebnisse der Studie im Bereich Führung waren:

1. Personen, die der Aussage, für eine »der besten Führungskräfte zu arbeiten, die ich je hatte«, stark zustimmen, haben eine deutlich höhere Arbeitszufriedenheit (hohe positive Korrelation) und sind insgesamt deutlich weniger zynisch (hohe negative Korrelation) als Personen, die

dieser Aussage weniger stark zustimmen. Sie berichten außerdem über weniger psychosomatische Beschwerden, sind emotional weniger erschöpft und haben eine stärkere Empfindung, effektiv und leistungsfähig zu sein.

2. Die gleichen Zusammenhänge können, in allerdings noch deutlicherer Weise, im Hinblick auf emotionales Führungsverhalten beobachtet werden. Personen, die angeben, ein hohes Maß an emotionalem Führungsverhalten zu erfahren, sind sehr zufrieden mit ihrer Arbeit, deutlich weniger zynisch und haben ein sichtlich höheres Gefühl der Effektivität und Leistungsfähigkeit als Personen, die ein solches Führungsverhalten in einer weniger intensiven Art und Weise erleben. Personen, die stark emotional geführt werden, berichten außerdem über weniger psychosomatische Beschwerden und weniger emotionale Erschöpfung als Personen, die in geringerem Maße emotional geführt werden.

3. Schaut man sich im Einzelnen an, welche emotionalen Führungsverhaltensweisen in besonderer und positiver Weise einen Einfluss auf die Arbeitszufriedenheit, Burnout-Symptome und psychosomatische Beschwerden haben, so stechen ganz klar emotionale Führungsverhaltensweisen hervor, die das Bedürfnis nach Kohärenz, also nach Sinn und Stimmigkeit ansprechen.

4. Wie auf der Basis der eben berichteten Ergebnisse nicht anders zu erwarten war, wurden die Führungskräfte, die ein emotionales Führungsverhalten zeigten, auch eher als »eine der besten Führungskräfte, für die ich je gearbeitet habe« eingeschätzt als die Führungskräfte, die ein solches Verhalten in einer weniger ausgeprägten Form zeigten. Die Höhe der hier ermittelten statistischen Werte zeigt, dass wir tatsächlich Führungsverhaltensweisen gewählt hatten, die dem, was jemand von seiner Führungskraft erwartet bzw. unter guter Führung versteht, sehr nahe kommen.

In ihrer Zusammenschau sagen die Ergebnisse Folgendes aus:

Erst einmal zeigen sie, und das ist wahrlich nicht neu, dass die Güte der Führung deutlich mit erlebter Arbeitszufriedenheit, Gesundheit und Leistungsfähigkeit verbunden ist. In dieser Studie wurden, wie gesagt, Korrelationen berechnet. Diese erlauben keine Aussagen über Ursache-Wirkung-Zusammenhänge. Die Ergebnisse können also zweierlei bedeuten: dass die untersuchten Personen so zufrieden, gesund und leistungsfähig sind, weil sie eine gute Führungskraft haben, oder dass sie ihre Führungskräfte so gut beurteilen, weil sie so zufrieden mit der Arbeit, so gesund und so effektiv sind. Aber: Jeder, der schon einmal für eine, aus seiner Sicht, richtig gute oder, noch eindeutiger, für eine richtig schlechte Führungskraft gearbeitet hat, weiß, wie stark dies die eigene Arbeitszufriedenheit, Gesundheit und Leistungsfähigkeit beeinflussen kann. Bei »schlechter« Führung können die netten Kollegen, der tolle Markenname des Unternehmens, das hohe Gehalt und die spannenden Aufgaben, die man hat, vollkommen in den Hintergrund treten und man will nur noch ganz schnell das Unternehmen oder die Abteilung wechseln.

Neu an diesen Ergebnissen ist etwas anderes. Zum ersten Mal konnte gezeigt werden, dass emotionale Führung, so wie ich sie definiere, ebenfalls und sogar noch stärker in Zusammenhang zu diesen Variablen steht als die Einschätzung »Meine Führungskraft ist eine der besten, für die ich je gearbeitet habe«. Und noch einmal für alle, die gegebenenfalls sagen: »Was interessieren mich die Gesundheit und die Zufriedenheit meiner Mitarbeiter und ob mich diese als gute oder schlechte Führungskraft einschätzen? Es zählen die Ergebnisse meiner Abteilung« (solche Führungskräfte gibt es wirklich): Die Personen gaben auch an, effektiver und leistungsfähiger zu sein. Also das, was am Ende zu herausragenden Ergebnissen führt.

Da die wissenschaftlichen Ergebnisse zeigen, wie hoch der

Zusammenhang zwischen emotionaler Führung und positiver Einschätzung der Güte der Führung ist, kann man ohne Zweifel folgende Aussage treffen:

Ein emotionales und somit auf die psychologischen Grundbedürfnisse des Menschen ausgerichtetes Führungsverhalten steht in engem positivem Zusammenhang mit der Einschätzung, eine gute Führungskraft zu sein, der psychischen und körperlichen Gesundheit und der Leistungsfähigkeit von Mitarbeitern.

Eine Aussage, die Sie als Führungskraft aus meiner Sicht nicht ignorieren sollten und eigentlich auch nicht dürfen.

Emotional Leading bei Google

Mitarbeiter des Unternehmens Google werden sich wahrscheinlich fragen, warum dieser Abschnitt »Emotional Leading bei Google« heißt. Und das zu Recht. Denn sie haben diesen Begriff im Unternehmen wohl noch nie gehört oder gelesen. Trotzdem werden diese Mitarbeiter, sofern sich ihre Führungskräfte an die Führungsleitlinien des Unternehmens halten, emotional geführt. Warum das so ist, werden Sie weiter unten sehen.

Führungsleitlinien sind Vorgaben, meistens in Form der zuvor genannten Top-10-Listen, die Unternehmen erarbeiten bzw. erarbeiten lassen und dann in Form von Hochglanzbroschüren an ihre Führungskräfte und Mitarbeiter verteilen. So und so sollen Führungskräfte bei Google oder im Unternehmen xy führen und dieses und jenes Führungsverhalten dürfen Menschen von ihren Vorgesetzten erwarten. Diese Führungsleitlinien werden in der Regel auch in Führungskräftetrainings vermittelt und es gibt oft ein Feedbackinstrument, mithilfe dessen Mitarbeiter ihre Führungskräfte auf der Basis dieser Leitlinien beurteilen können. Bei Google sind dies folgende (aus dem Englischen übersetzte) acht Leitlinien, die, mit Ausnahme von Leitlinie 6, jeweils mit zwei bis drei konkreten Handlungsempfehlungen verknüpft sind. Diese Handlungsempfehlungen sind dann auch die eigentlich entscheidenden Punkte, da sie den Führungskräften recht eindeutig beschreiben, was von ihnen erwartet wird. Bei Google, und dies macht sie besonders interessant, stehen sie aber nicht gleichberechtigt nebeneinander, sondern sind nach dem Grad ihrer Bedeutung aufgelistet. Leitlinie 1 ist somit die wichtigste, Leitlinie 8 die unwichtigste der zentralen Führungsleitlinien. Hier die Leitlinien im Einzelnen:

Leitlinie 1: Sei ein guter Coach

- Gib genaues, konstruktives Feedback und finde ein gutes Gleichgewicht zwischen Negativem und Positivem.
- Führe regelmäßig Einzelgespräche, in denen du Lösungen für Probleme präsentierst, die zu den speziellen Stärken deines Mitarbeiters passen.

Leitlinie 2: »Empower«/Stärke dein Team und betreibe kein »Mikromanagement«

- Finde ein gutes Gleichgewicht zwischen den Freiheiten, die du den Mitarbeitern gibst, und deiner Präsenz, um sie zu unterstützen.
- Setze deinem Team herausfordernde Ziele, damit es selbst große Probleme bewältigen kann.

Leitlinie 3: Zeige Interesse am Erfolg und am persönlichen Wohlergehen deiner Mitarbeiter

- Lerne deine Mitarbeiter als Menschen kennen, die auch ein Leben außerhalb der Arbeit haben.
- Sorge dafür, dass sich neue Teammitglieder willkommen fühlen, und unterstütze ihre Eingliederung in dein Team.

Leitlinie 4: Sei keine Sissy, sondern produktiv und ergebnisorientiert

- Lege den Fokus darauf, was die Mitarbeiter als Team errei-

chen wollen und wie sie einen Beitrag zu diesem Teamer-
folg leisten können.

- Unterstütze das Team dabei, Prioritäten zu setzen, und
nutze deine höhere Position, um Hindernisse aus dem
Weg zu räumen.

Leitlinie 5: Sei ein guter Kommunikator und höre deinem Team zu

- Kommunikation findet immer in zwei Richtungen statt:
Du hörst zu und du gibst Informationen.
- Organisiere Meetings mit der gesamten Mannschaft und
kommuniziere deine Botschaften und Ziele klar. Unterstütze das Team dabei, Probleme eigenständig zu lösen.
- Ermutige die Mitarbeiter zu einem offenen Dialog und
höre dir ihre Sorgen und Bedenken an.

Leitlinie 6: Unterstütze deine Mitarbeiter bei ihrer Karriere

Leitlinie 7: Habe eine klare Vision und Strategie für das Team

- Fokussiere das Team auch im schlimmsten Sturm auf die
Ziele und die Strategie.
- Binde das Team in die Erarbeitung, Weiterentwicklung
und Umsetzung der Teamstrategie mit ein.

**Leitlinie 8: Verfüge über wesentliche fachliche Fähigkeiten, da-
mit du das Team unterstützen und beraten kannst**

- Krempfe die Ärmel hoch und sei an der Seite deines
Teams, wenn dies notwendig ist.
- Erkenne die besonderen Herausforderungen der Arbeit.

Diese Leitlinien wurden übrigens nicht von irgendeiner Beratung zusammengetragen und dann veröffentlicht. Google ist
hier, wie so häufig, einen anderen, einen außergewöhnlichen
Weg gegangen. Ausgehend von der Feststellung, eines der weltweit erfolgreichsten Unternehmen zu sein und somit bisher
wohl nicht alles falsch gemacht zu haben, wurde das Augen-
merk darauf gelegt, wie bei Google geführt wird bzw. was die

erfolgreichen von den weniger erfolgreichen Führungskräften unterscheidet. Es ging also um ihre ganz eigene Kultur, die beschrieben wurde und woraus diese Leitlinien herauskristallisiert wurden. Der Schluss »Führe, wie man es bei Google tut, und du wirst erfolgreich sein« ist natürlich nicht zulässig. Die Leitlinien können aber als Kompass dienen. Insbesondere, wenn ein Unternehmen eine vergleichbare Kultur hat oder anstrebt und/oder in einer vergleichbaren Branche tätig ist.

Google zieht Heerscharen von sehr talentierten Menschen an, die unbedingt für diese Organisation arbeiten wollen. Einmal sicherlich wegen des Brands, dem Namen, aber sicherlich auch, weil das Unternehmen für seine innovative Personalpolitik bekannt ist. Man mag kritisieren, dass die Grenzen zwischen Beruf und Privatleben immer mehr verschwimmen, wenn Unternehmen ihren Mitarbeitern firmeneigene Kitas, Sportmöglichkeiten und kostenfreie Kantinen anbieten und Frauen, wie bei Google kürzlich bekannt wurde, sogar das Einfrieren ihrer Eizellen finanzieren. Den Mitarbeitern bei Google scheint es aber zu gefallen. Was auch dafür spricht, dass die Führung grundsätzlich gut sein muss. Sonst würden sich die talentierten Mitarbeiter wahrscheinlich recht schnell wieder aus dem Staub machen.

Interessant ist nun, ob es einen Zusammenhang zwischen den Führungsleitlinien von Google und dem Konzept der emotionalen Führung gibt. Anders ausgedrückt: Tragen die Führungsleitlinien von Google den fünf psychologischen Grundbedürfnissen des Menschen Rechnung? Vielleicht denken Sie, bevor Sie die folgende Tabelle anschauen, selbst einmal darüber nach, gehen die einzelnen Führungsleitlinien durch und überlegen, mit welchen Grundbedürfnissen die einzelnen Vorgaben korrelieren.

Meine ganz persönliche Einschätzung finden Sie in der folgenden Tabelle:

Führungsleitlinien bei Google	Grundbedürfnisse				
	Kohärenz	Orientierung & Kontrolle	Selbstwert	Bindung	Lustgewinn
Gib genaues, konstruktives Feedback und finde ein gutes Gleichgewicht zwischen Negativem und Positivem.	x	x	x		
Führe regelmäßig Einzelgespräche, in denen du Lösungen für Probleme präsentierst, die zu den speziellen Stärken deines Mitarbeiters passen.	x	x	x	x	x
Finde ein gutes Gleichgewicht zwischen den Freiheiten, die du den Mitarbeitern gibst, und deiner Präsenz, um sie zu unterstützen.	x	x			x
Setze deinem Team herausfordernde Ziele, damit es selbst große Probleme bewältigen kann.		x	x		x
Lerne deine Mitarbeiter als Menschen kennen, die auch ein Leben außerhalb der Arbeit haben.			x	x	
Sorge dafür, dass sich neue Teammitglieder willkommen fühlen, und unterstütze ihre Eingliederung in dein Team.		x	x	x	
Lege den Fokus darauf, was die Mitarbeiter als Team erreichen wollen und wie sie einen Beitrag zu diesem Teamerfolg leisten können.				x	x

Unterstütze das Team dabei, Prioritäten zu setzen, und nutze deine höhere Position, um Hindernisse aus dem Weg zu räumen.	x	x		x		
Kommunikation findet immer in zwei Richtungen statt: Du hörst zu und du gibst Informationen.	x	x				
Organisiere Meetings mit der gesamten Mannschaft und kommuniziere deine Botschaften und Ziele klar. Unterstütze das Team dabei, Probleme eigenständig zu lösen.	x	x		x		
Ermutige die Mitarbeiter zu einem offenen Dialog und höre dir ihre Sorgen und Bedenken an.	x		x	x		
Unterstütze deine Mitarbeiter bei ihrer Karriere.		x	x	x	x	
Fokussiere das Team auch im schlimmsten Sturm auf die Ziele und die Strategie.	x	x				
Binde das Team in die Erarbeitung, Weiterentwicklung und Umsetzung der Teamstrategie mit ein.	x	x	x	x		
Kremple die Ärmel hoch und sei an der Seite deines Teams, wenn dies notwendig ist.	x			x		
Erkenne die besonderen Herausforderungen der Arbeit.	x					

Wie Sie sehen, steht jedes Führungsverhalten mit einem, meist sogar mit mehreren psychologischen Grundbedürfnissen in Relation. Sollten Sie selbst die Kreuze etwas anders gesetzt haben, spielt das keine Rolle. Denn Sie werden vermutlich ähnlich viele Kreuze vergeben haben. Und genau das ist der Grund, warum dieses Führungsverhalten so gut für das Unternehmen ist.

Mitarbeiter emotional führen

Mitarbeiter emotional zu führen, bedeutet also in seiner einfachsten und reinsten Form, ihre psychologischen Grundbedürfnisse ernst zu nehmen und ein Führungsverhalten zu zeigen, das diese berücksichtigt. Mitarbeiter, die häufig positive Emotionen wie Freude, Stolz, Gelassenheit oder Zufriedenheit während ihrer Arbeit erleben, werden mit einer größeren Wahrscheinlichkeit gerne morgens zur Arbeit gehen und schwungvoll ihre Aufgaben erledigen. Es steigert somit auch die Motivation.

Eine Führungskraft kann und sollte nicht alleine für das Auftreten dieser Emotionen verantwortlich gemacht werden, das betrifft genauso den Mitarbeiter. Die Ergebnisse der Studie zeigen aber, wie groß der Einfluss einer Führungskraft auf die Motivation, Zufriedenheit und Gesundheit von Mitarbeitern ist, sodass es fast sträflich erscheint, würde eine Führungskraft sie einfach ignorieren. Und dennoch kommt das vor und sieht dann schlimmstenfalls folgendermaßen aus:

Solche Führungskräfte geben den Mitarbeitern keine Orientierung, da sie nur selten ihre Erwartungen formulieren und ihre Mitarbeiter nicht über wichtige Änderungen im Unternehmen informieren. Sie geben ihnen kein Gefühl der Kontrolle, sie lassen sie nie Entscheidungen treffen und kontrollieren jeden Arbeitsschritt bis ins kleinste Detail. Sie verletzen das Bedürfnis nach Selbstwerterhöhung, indem sie niemals eine gute Leistung wahrnehmen und loben, und ignorieren das Bedürfnis nach Lustgewinn, indem sie verbieten, Spaß während der Arbeit zu haben (»Jetzt konzentrieren Sie sich aber mal wieder auf die Arbeit«), oder indem sie ihre Mitarbeiter in Bereichen einsetzen und mit Aufgaben betrauen, die überhaupt nicht deren Vorlieben und Stärken entsprechen. Sie geben sich allergrößte Mühe, kein Gefühl der Bindung aufkommen zu lassen, indem sie, ganz im Sinne der Maxime »Divide et impera« (»Teile und herrsche«) die Bildung eines echten Teams unterbinden. Dieses könnte sich ja gegen sie verschwören. Und sie verletzen das Bedürfnis nach Kohärenz und Stimmigkeit, indem sie selbst nicht dem folgen, was sie vorgeben und ein unberechenbares Verhalten an den Tag legen. Niemand in der Abteilung kann mit Sicherheit sagen, wie ein spezifisches Verhalten zu bewerten ist. An einem Tag ist es so und am nächsten wieder anders. In Abteilungen, die von einer solchen Führungskraft geführt werden, findet man alle Emotionen, die allgemein als negativ gelten: Angst, Ärger, Wut, Niedergeschlagenheit, Frustration, Schuldgefühle, es gibt psychosomatische Erkrankungen und entsprechend hoch ist die Anzahl der Fehltage. Warum? Weil die psychologischen Grundbedürfnisse der dort arbeitenden Menschen kontinuierlich in Mitleidenschaft gezogen und vernachlässigt werden.

Es wäre nun ein Leichtes, diese Führungskräfte zu verurteilen und sie an den Pranger zu stellen: »Wie kann man Menschen nur so behandeln?«, »So ein machtbesessener Unmensch!«, »So ein Schwein!« Ich tue es aber nicht. Und zwar, weil ich weiß, dass die Mehrzahl dieser Personen, sie wurden in der jüngsten Zeit auch als »Psychopathen in den Chefetagen« bezeichnet, so agieren, da sie selbst in ihrer Vergangenheit massive Verletzungen ihrer psychologischen Grundbedürfnisse erlebt haben. Dies hat dazu geführt, dass sie alles nur Mögliche tun, um die

Kontrolle zu behalten oder ihren Selbstwert zu erhöhen und zu schützen. Dies schadet noch nicht einmal ihrem Bedürfnis nach Bindung, wie man es vermuten könnte. Warum? Weil die Menschen, die sie führen, so viel Angst vor ihnen haben, dass sie in deren Gegenwart immer besonders freundlich, nett und höflich sind. Ist ja auch klar: Wer vor jemandem Angst hat, wird den Teufel tun, ihn auch noch zu provozieren. Oder würden Sie eine Gruppe von aggressiv wirkenden Männern, der Sie nachts in einer einsamen und dunklen Straße begegnen, ansprechen? Oder sich ihr gar aggressiv gegenüberstellen? Nein. Sie würden, sollte Sie einer davon nach dem Weg oder nach der Uhrzeit fragen, wahrscheinlich ausgesucht höflich und mit einem aufgesetzten Lächeln antworten, obwohl Ihnen ganz anders zumute wäre.

Um mit solchen Führungskräften im Coaching zu arbeiten, ist es aus meiner Sicht wichtig, eine nicht verurteilende Haltung einzunehmen. Man kann und darf das gezeigte Verhalten kritisieren und in Frage stellen. Man sollte aber gleichzeitig Nachsicht mit ihnen und Respekt vor den Verletzungen haben, die sie wahrscheinlich erlebt haben. Ebenso ist viel Fingerspitzengefühl gefragt, denn oft starten solche Coachings mit einer Überraschung. Meist sind diese Führungskräfte vollkommen perplex darüber, dass sie überhaupt ein Coaching machen sollen. Sie haben doch kein Führungsproblem. Alle Mitarbeiter sind nett zu ihnen und loben ständig ihr Führungsverhalten (aus Angst ▶ Vermeidungsverhalten). Auch die eigenen Vorgesetzten und die Kollegen verhalten sich positiv ihnen gegenüber. O.k., die Krankheitsrate und Fluktuation sind ziemlich hoch, aber das kann nicht an ihnen liegen. Erst neulich haben sie die Mitarbeiter wieder gefragt, ob etwas an ihrem Führungsverhalten falsch sei, aber das haben alle verneint (aus Angst). Glauben Sie mir: Es sind immer wieder dieselben Muster, die da ablaufen.

Eine Führungskraft, die dies erkennt, muss unweigerlich zurück zu Kapitel 3. Aber auch die Lektüre des folgenden Kapitels hilft dabei festzustellen, wo der eigene emotionale Führungsstil Schwächen und Stärken hat.

Analyse des eigenen emotionalen Führungsstils

Da Sie das Buch noch nicht zur Seite gelegt haben, gehe ich einfach mal davon aus, dass Ihnen das Modell der emotionalen Führung einleuchtet und Sie sich eventuell sogar vorstellen können, dieses in Ihren Führungsalltag zu integrieren. Entsprechend werden Sie sich fragen, wie gut Sie selbst schon emotional führen. Wie gut sind Sie darin, Mitarbeitern Orientierung und ein Gefühl der Kontrolle zu geben? Loben Sie Ihre Mitarbeiter ausreichend? Vielleicht haben Sie dazu auch schon Antworten bzw. Hypothesen.

Um dies genauer zu ergründen, gibt es eine recht einfache Methode. Nämlich sich zum einen selbst einzuschätzen und sich gleichzeitig von ein paar Menschen einschätzen zu lassen, die Ihr Führungsverhalten ziemlich gut kennen dürften: Ihre Mitarbeiter. Im zweiten Teil dieses Buches finden Sie dazu wieder zwei Fragebögen und ein Selbstreflexionstool, so wie Sie es bereits in Kapitel 3 kennengelernt haben:

- Tool 7: Fragebogen zum emotionalen Führungsverhalten (Seite 228)
- Tool 8: Der »Google-Fragebogen« (Seite 237)
- Tool 9: Direkte Selbstreflexion zum emotionalen Führungsstil (Seite 246)

Sie können alle drei Tools anwenden oder nur diejenigen, die Sie am meisten ansprechen. Alle drei werden Ihnen in jedem Fall ermöglichen, ein genaueres Bild darüber zu bekommen, welchen Führungsstil Sie haben und auf welche Grundbedürfnisse er am stärksten eingeht. Sind Sie jemand, der Mitarbeitern viel Orientierung und ein Gefühl der Kontrolle gibt, aber das Bedürfnis nach Selbstwerterhöhung vernachlässigt? Oder würden Ihre Mitarbeiter jetzt schon sagen, dass Sie eine der besten Führungskräfte sind, für die sie je gearbeitet haben? Wenn dem so ist, haben Sie, wahrscheinlich ganz unbewusst, Ihr Führungsverhalten bereits auf die psychologischen Grundbedürfnisse des Menschen ausgerichtet.

Nach jedem Tool finden Sie auch einige Fragen, die Ihnen ermöglichen, in eine tiefere Selbstreflexion einzusteigen. In diesen Selbstreflexionen stecken auch die Lösungen dafür, wie Sie Ihr Führungsverhalten weiterentwickeln können. Was möchten Sie beibehalten und was möchten Sie ändern, um Ihre Fähigkeiten im Bereich Emotional Leading auszubauen? Sie werden dabei vielleicht entdecken, dass Sie manche Grundbedürfnisse bisher vernachlässigt haben, und dies kann zwei Gründe haben.

Vielleicht haben Sie diese Bedürfnisse schlichtweg übersehen, Ihr Fokus lag woanders. Dann ist es relativ leicht, Ihr Führungsverhalten um ein paar neue Verhaltensweisen zu erweitern. Dazu gehören dann »einfach« ein wenig Disziplin und Übung, damit diese irgendwann zu Ihrem ganz natürlichen Verhaltensrepertoire gehören. Genauso, wie Sie heute Softwareprogramme bedienen können, die Ihnen vor ein paar Jahren noch Rätsel aufgegeben haben.

Vielleicht aber zeigen Sie selbst gerade ein extremes Annäherungs- bzw. Vermeidungsverhalten in Bezug auf ein Grundbedürfnis. Ein Beispiel dafür wäre Frau Schmidt, die aufgrund ihrer Sozialisation ihre Mitarbeiter über ein für diese erträgliches Maß hinaus kontrolliert (siehe S. 105 f.). Vielleicht haben Sie aber auch ein sehr starkes Annäherungsverhalten in Bezug auf das Bedürfnis nach Bindung. Entsprechend fällt es Ihnen schwer, Konflikte einzugehen und Sie äußern nur selten Kritik, obwohl Sie das Verhalten eines Mitarbeiters ziemlich stört.

Sollte dies der Fall sein, finden Sie in Kapitel 3 die Werkzeuge, mit denen Sie einen persönlichen Entwicklungsprozess vorantreiben können.

Auch wer nicht auf die Tools zurückgreifen möchte, sollte sich zumindest kurz gedanklich oder schriftlich folgende Fragen beantworten:

1. Auf welche der fünf Grundbedürfnisse meiner Mitarbeiter gehe ich schon jetzt mit meinem Führungsverhalten ein?
2. Welche der fünf Grundbedürfnisse habe ich bisher eher vernachlässigt?
3. Wie macht sich das alles in meinem Führungsstil im Positiven wie im Negativen bemerkbar? Was sollte ich auf der Basis dieser Analyse beibehalten und was verändern?

Wenn Sie ein paar Antworten auf diese Fragen aufgeschrieben oder im Kopf haben, können wir uns gemeinsam noch ein weiteres essenzielles Verhalten anschauen: die wertfreie Beobachtung der Emotionen Ihrer Mitarbeiter.

Die Emotionen Ihrer Mitarbeiter neugierig und wertfrei wahrnehmen

Wie bereits zu Beginn erwähnt, nehmen wir permanent nicht nur unsere eigenen, sondern auch die Emotionen unseres Umfelds wahr. Seien es die Emotionen unseres Partners, unserer Kinder, unserer Nachbarn oder unserer Mitarbeiter. Auch dies läuft eher nebenbei, unbewusst ab und dennoch haben sie einen starken Einfluss auf unser ganz eigenes Erleben. Wir nehmen, unbewusst, die grimmige Miene unseres Partners wahr und empfinden, unbewusst, ein Gefühl der Sorge, weil wir nicht wissen, ob etwas Schlimmes passiert ist oder ob wir selbst uns falsch verhalten haben. Wir nehmen, unbewusst, die gute Laune in der Abteilung wahr, für die wir verantwortlich sind, und fühlen uns, unbewusst, selbst gut deswegen. Je mehr Empathie ein Mensch besitzt, desto empfänglicher ist er für die Emotionen anderer. Sich selbst emotional zu führen bedeutet, das wissen Sie nun zur Genüge, seine eigenen Emotionen bewusster und erst einmal wertfrei wahrzunehmen, die Themen hinter den Emotionen zu kennen und auf der Basis zu prüfen, ob sie der Situation entsprechen, akkurat sind, oder ob sie auf einer verqueren Sichtweise beruhen. Vielleicht sind Sie ja in die Falle des *emotionalen Schlussfolgerns* getappt.

Natürlich können Sie dieses Wissen, das Verständnis für die *Sprache der Emotionen*, nicht nur auf sich selbst, sondern auch auf Ihre Mitarbeiter anwenden. Es wäre doch wirklich verschenktes Kapital, dies nicht zu machen, oder? Hierzu ein Beispiel:

Herr Peters, er ist Führungskraft, sitzt mit seinem Mitarbeiter, Herrn Rüdiger, im jährlich stattfindenden Jahresabschluss- und Zielvereinbarungsgespräch. Herr Peters hat die Abteilung vor einem Jahr übernommen und so ist es das erste Jahresgespräch, das er mit seinen Mitarbeitern führt. Es geht darum, auf das vergangene Jahr zu blicken und gemeinsam Ziele für das neue Jahr zu definieren. Herr Peters freut sich richtig auf dieses Gespräch, da es sich bei Herrn Rüdiger um seinen besten Mitarbeiter handelt. Er erwartet hier keinerlei Schwierigkeiten. Alles ist so, wie es sein soll.

Das Gespräch beginnt auch sehr gut, denn Herr Peters überschüttet seinen Mitarbeiter mit Lob. Er hat alle seine Ziele erreicht und entsprechend Bestnoten für seine Leistung erhalten. Er wird einen satten Bonus bekommen. Nun ist der Mitarbeiter an der Reihe und Herr Peters bittet ihn wie geplant erst einmal um ein Feedback zu seinem Führungsverhalten.

Da sich Herr Peters aus seiner Sicht vorbildlich um Herrn Rüdiger gekümmert hat, erwartet er, ebenso wie es bei seinem eigenen Feedback der Fall war, wahre Lobeshymnen. Es passiert aber genau das Gegenteil. Der Mitarbeiter berichtet Herrn Peters, dass er vor allem eins sei: enttäuscht! Die ihm zugeteilten Projekte und Aufgaben habe er alle mit links erledigen können. Nichts habe ihn wirklich gefordert und so sei das letzte Arbeitsjahr für ihn primär langweilig gewesen. Er freue sich natürlich über den Bonus und die guten Beurteilungen, aber lieber wäre ihm an der einen oder anderen Stelle eine schlechtere Bewertung und dafür Aufgaben, die ihn persönlich und fachlich weiterbringen würden. Für Herrn Rüdiger ist es ein verschwendetes Jahr.

Herr Peters ist wie vor den Kopf gestoßen. Er merkt, wie Ärger (Verletzung seiner Rechte) in ihm aufsteigt. »Was denkt der eigentlich, wer er ist?«, »Ich gebe die besten Bewertungen und den höchstmöglichen Bonus und er beschwert sich auch noch.« Das sind nur ein paar der Gedanken, die ihm durch den Kopf gehen. Er belässt es aber nicht bei den Gedanken, sondern äußert sie, gesteuert durch seinen Ärger, ja seine Wut, in einem unmissverständlichen Ton dem Mitarbeiter gegenüber. Dieser bleibt sehr gelassen und schlägt vor, das Gespräch aufgrund des ungünstigen Verlaufs und der hohen Emotionalität zu einem späteren Zeitpunkt fortzusetzen. Herr Rüdiger hat die Führung in diesem Gespräch übernommen.

Emotional Leading in solch einer Situation bedeutet nun zweierlei. Einmal natürlich seine eigenen Emotionen im Griff zu behalten und ihnen nur dann nachzugeben, wenn man es wirklich will. Andererseits geht es aber auch darum, die Emotionen des Mitarbeiters, die er über das Jahr hinweg verspürt hat, erst einmal *wertfrei* wahrzunehmen, um verstehen zu können, was gerade mit ihm los ist (wovon man letztlich selbst profitiert). Aus der Unterforderung resultierten für Herrn Rüdiger

Langeweile und Enttäuschung: Er hatte eine andere Erwartung an seine Führungskraft.

Herr Peters tappt nun (wie viele andere) in die Falle, die Emotionen seines Mitarbeiters zu bewerten, sie also in gut oder, wie in diesem Fall, in schlecht einzuteilen. Eine zutiefst menschliche Eigenschaft. Hätte Herr Rüdiger die erwarteten Emotionen Freude, Glück und Stolz gezeigt, wäre alles den Erwartungen entsprechend gelaufen und die Emotionen wären in der »Gut-Schublade« gelandet.

Menschen haben Emotionen aber nicht, weil sie anderen damit einen Gefallen tun oder sie ärgern wollen. Sondern sie haben diese Emotionen, weil gerade eines ihrer Grundbedürfnisse tangiert wird. Dies ist für das Verständnis von *emotional intelligenter* und *emotional reifer* Führung wichtig, und es gibt einige Schlüssel, vor allem grundlegende Haltungen, die uns dabei helfen.

Entscheidend ist, ohne Erwartungen und ohne Ziele in solche Gespräche hineinzugehen. Mir ist durchaus bewusst, dass nun zahlreiche Leser und wahrscheinlich auch Kollegen aufschreien und sagen werden, das sei doch vollkommener Blödsinn. Lernen wir nicht permanent und überall, dass man für alles Ziele haben muss und dass diese möglichst SMART (spezifisch, messbar, attraktiv, realistisch, terminiert) sein sollten? Wo soll uns denn der Weg hinführen, wenn wir gar kein Ziel haben? Führt er uns dann nicht nach Irgendwo oder vielleicht sogar nach Nirgendwo? Nein. Selbstverständlich kann und sollte man bei einem solchen Gespräch die grobe Richtungsvorgabe haben, einen Rückblick auf das Jahr zu werfen und neue Ziele für das nächste Jahr zu vereinbaren. Man kann sich auch durchaus im Vorfeld überlegen, wie man in etwa das Gespräch strukturiert und wie lange es dauern sollte. Dagegen spricht rein gar nichts. Gefährlich wird es aber dann, wenn man anfängt, Ziele und

Erwartungen zu formulieren, wie das Gespräch zu laufen hat. Dadurch wird man unflexibel und verliert etwas Essenzielles: den Kontakt zu dem, was das Gegenüber sagt und empfindet und somit zu den wertvollsten Informationen, die ein solches Gespräch beinhaltet.

Der zweite Schlüssel, um solche Gespräche emotional intelligent und reif zu führen (und somit im wahrsten Sinne zu *führen*), ist, die Emotionen des Gegenübers wertfrei und mit dem, was ich kindliche Neugier oder kindliches Interesse nenne, wahrzunehmen. Eine Führungskraft, die in dem geschilderten Gespräch folgende Haltung einnimmt: »O je, Herr Rüdiger ist enttäuscht von mir, also habe ich seine Erwartungen nicht erfüllt, jetzt bin ich aber mal gespannt, wieso das so ist!«, behält viel stärker die Kontrolle über sich, seine Emotionen und das Gespräch als Herr Peters, dem die Situation entgleitet. Diese Überlegung ermöglicht es herauszufinden, woran es denn nun gelegen hat, dass Herr Rüdiger enttäuscht ist, und dies mit der eigenen Sichtweise abzugleichen. Verstehen Sie mich bitte nicht falsch: Es geht mir nicht darum, Führungskräfte mit diesen Vorschlägen »weichzuspülen« und damit ein Vorurteil zu bedienen, das in der Wirtschaft tätigen Psychologen häufig anhaftet. Sie dürfen dem Mitarbeiter gerne sagen, dass Sie mit seiner Sichtweise nicht einverstanden sind, und in einen Diskurs mit ihm treten. Natürlich setzen Sie sich, wenn es Ihnen notwendig erscheint, konsequent durch. Aber tun Sie es lieber aus einem Gefühl der Gelassenheit und der Kontrolle heraus, als getrieben von Ihren Emotionen. Es kann auch einmal hilfreich sein, seine Emotionen zu zeigen, gerade wenn diese reif und akkurat sind. Aber Sie sollten selbst darüber entscheiden, wann und wie Sie es tun.

Weitestgehend ziel- und erwartungsfrei, wertfrei und neugierig mit Mitarbeitern, aber auch anderen zu interagieren bzw. sie zu führen wird mit dem Begriff Achtsamkeit oder Mindfulness beschrieben. Diese Mindfulness erlaubt es einem, ganz beim Gegenüber zu sein, sich nicht von störenden Gedanken ablenken zu lassen (»Oh Gott, die Situation entgleitet mir ja gerade«), wirklich das zu hören, was das Gegenüber sagt, und vor allem wahrzunehmen, was das Gegenüber fühlt. Diese Haltung nehmen wir insbesondere dann ein, wenn wir mit Menschen interagieren, für die wir uns ganz bewusst entscheiden können. Sie drückt sich in einem Satz wie »Jetzt höre ich meinem Gegenüber mal ganz genau zu und lasse mich von keinen Gedanken an etwas anderes stören« aus. Wir können diese Haltung trainieren, indem wir jeden Tag immer wieder bewusst darauf achten und/oder indem wir, wie in Teil II geschildert, regelmäßig Achtsamkeits-, also Meditationsübungen durchführen. Ich glaube nicht, dass sich die drei wichtigsten Führungsgrundsätze von Google (siehe S. 143 f.) durch Zufall auf Situationen beziehen, in denen es um einen persönlichen und meiner Meinung nach auch achtsamen Kontakt zu den Mitarbeitern geht. Laszlo Bock, Senior Vice President, People Operations bei Google und damaliger Initiator des Projekts, hat dies in einem Interview wie folgt ausgedrückt:

»What it means is, if I'm a manager and I want to get better, and I want more out of my people and I want them to be happier, two of the most important things I can do is just make sure I have some time for them and to be consistent.«

Wer als Führungskraft besser werden und glückliche und leistungsfähige Mitarbeiter haben will, muss vor allem Zeit für sie aufbringen und geradlinig sein. Also nichts anderes als das, was Achtsamkeit oder eben auch Kohärenz meint.

Bei diesen beiden »Tools« handelt es sich nach meiner Erfahrung (und wie auch Studien belegen) um die wirkungsvollsten (emotionalen) Führungsinstrumente, die wir derzeit kennen.

Emotionales und situatives Führen

Eine Kernfrage in Vorstellungsgesprächen mit Führungskräften ist die Frage nach dem eigenen Führungsstil. Eine zugegebenermaßen in der Tiefe gar nicht so leicht zu beantwortende Frage, zumal die Herausforderung darin besteht, diesen in ein paar Sätzen zu beschreiben. Recht häufig bekommt man zu hören: »Ich führe situativ.« Fragt man dann nach, was das genau bedeutet, heißt es, dass man sein Führungsverhalten an spezifische Situationen anpasst. Hakt man nach und bittet die Person um eine genauere Beschreibung, ist meistens Schluss, was zeigt, dass die Antwort »Ich führe situativ« ein Versuch war, die Frage zu umgehen. Bei ungeübten oder zu wenig mutigen Interviewern funktioniert das dann auch. Nach dem Prinzip: Er oder sie führt nach dem Modell von Paul Hersey und Ken Blanchard, das auch wir zur Schulung unserer Führungskräfte einsetzen. Haken dran! Pluspunkt.

Dass ich mir selbst für die Zukunft wünsche, als Antwort häufiger »Ich führe emotional« zu hören (und dass Unternehmen dies auch erwarten), versteht sich. Es ist nun mal ein Führungsverhalten, das erwiesenermaßen zum Wohlbefinden, zur Gesundheit und Effektivität eines Mitarbeiters beiträgt. Es macht ihn und somit wahrscheinlich auch das Unternehmen erfolgreicher.

Das Modell des situativen Führens soll aber keineswegs von der Bildfläche verschwinden. Denn es hat, auch ohne wissenschaftliche Validierung, eine sehr hohe Augenscheinvalidität und kann auch gut mit dem Modell der emotionalen Führung verbunden werden. Was besagt das Modell des situativen Führens?

Danach sollte man sein Führungsverhalten an den Reifegrad eines Mitarbeiters anpassen. Diese Aussage ist auch für das Modell der emotionalen Führung von Bedeutung. Natürlich ist es nicht damit getan, allen Mitarbeitern gleichmäßig ein Gefühl von Orientierung und Kontrolle, Stimmigkeit, respektiertem Selbstwert, von Bindung und Spaß zu vermitteln. Ich verstehe solch ein Verhalten vielmehr als eine Art Grundlage für erfolgreiche Führung, die aber auf den jeweiligen Mitarbeiter abgestimmt werden muss. Ein wenig wie ein schöner Konfektionsanzug, den der Schneider an die Figur des Kunden anpasst.

Das Modell des situativen Führens teilt Mitarbeiter in vier unterschiedliche Kategorien ein, zwischen denen es natürlich fließende Übergänge gibt. Ein sogenannter E1 ist ein Mitarbeiter, der eine äußerst hohe Motivation, aber noch keine fachlichen Fähigkeiten hat (Wollen: hoch; Können: niedrig). Dies sind häufig junge Mitarbeiter, die erst starten, aber beispielsweise auch neue Führungskräfte, die noch keine Führungserfahrung haben. Sie wollen es, können es aber noch nicht richtig. Beim Mitarbeiter der Kategorie E2 ist die Motivation eher schwankend und die Kompetenzen sind noch nicht sehr ausgebildet (Wollen: schwankend; Können: mittel). Häufig handelt es sich um Mitarbeiter, die seit ein paar Monaten in einer neuen Funktion sind und vielleicht merken, dass es doch nicht der richtige Job für sie ist, oder die andere Sorgen haben. Diese Gruppe bereitet Führungskräften die größten Sorgen und die meiste Arbeit. E3 sind Mitarbeiter, bei denen die Motivation niedrig bzw. schwankend ist, die aber über ausgezeichnete fachliche Fähigkeiten verfügen (Wollen: niedrig; Können: hoch). Diese Leute machen ihren Job schon viele Jahre, sind aber in einem Motivationstief. Irgendetwas bedrückt sie. Und schließlich gibt es die E4. Dies sind die Lieblinge, die Stars der meisten Führungskräfte, denn sie haben sowohl eine hohe Motivation als auch ausgezeichnete Fähigkeiten (Wollen: hoch; Können: hoch).

Die Erfinder des Modells postulieren nun die Hypothese, dass man sein Führungsverhalten an diese vier Typen anpassen muss. Hersey und Blanchard unterscheiden dabei zwischen einem eher mitarbeiterorientierten und einem eher zielorientierten Führungsverhalten. Diese beiden Verhaltensweisen werden auch als eher »kooperativ« und eher »autoritär/anweisend« bezeichnet. Ein E1 sollte also ein eher anweisendes Führungsverhalten erfahren, der E3 hingegen ein eher wenig anweisendes und vor allem mitarbeiterorientiertes Führungsverhalten. Der E4 braucht weder vom einen noch vom anderen viel, denn er ist hochmotiviert und weiß, was er zu tun hat. Der E2 schließlich braucht von beidem viel. Klare Anweisungen und gleichzeitig viel Verständnis und Zuwendung.

Ich weiß nicht, wie es Ihnen mit dem Modell geht, aber aus meiner Sicht ist es zu simplifizierend. Man gibt dem neuen Mitarbeiter vor allem Anweisungen und damit hat sich's. Ist es wirklich so einfach? Ich glaube nicht und halte es daher für deutlich gewinnbringender, das Modell des situativen mit dem des emotionalen Führens zu kombinieren und sich als Führungskraft zentral folgende Frage zu stellen:

Welche Grundbedürfnisse des Mitarbeiters sollten in seiner derzeitigen Situation verstärkt befriedigt werden?
Oder anders ausgedrückt:
Welches Grundbedürfnis ist aufgrund der persönlichen Situation (nicht der Persönlichkeit!) des Mitarbeiters im Ungleichgewicht bzw. wird davon tangiert?

Auf der Basis dieser Fragen kann man dann Hypothesen aufstellen, besser ist es aber zu versuchen, es in einem persönlichen Gespräch herauszufinden. Fragen wie »Wie geht es Ihnen gerade?«, »Was brauchen Sie gerade von mir als Führungskraft?«, »Was kann ich tun, damit es Ihnen (noch) besser geht?« können dabei helfen. Nicht weil eine Führungskraft zum »Bedürfnisbefriediger« der Mitarbeiter werden soll. Da sind wie gesagt auch die Mitarbeiter selbst in der Verantwortung. Sondern weil man damit das Wohlbefinden und die Leistungsfähigkeit der Mitarbeiter erhöht. In den Antworten wird man in der Regel verklausuliert oder auch sehr direkt die psychologischen Grundbedürfnisse wiederfinden.

Ein E1, sagen wir ein Hochschulabsolvent, wird berichten, dass er sich noch überhaupt nicht zurechtfindet (Orientierung und Kontrolle) und Angst hat (zukünftige Gefahr), etwas falsch zu machen (Selbstwert). Eventuell fühlt er sich noch gar nicht zum Team zugehörig (Bindung). Entsprechend kann eine Führungskraft ihr Führungsverhalten auf diese drei Grundbedürfnisse, die gerade tangiert werden, ausrichten. Beispielsweise indem sie dem Mitarbeiter einen Paten zur Seite stellt, der ihm bei der Einarbeitung hilft und damit Einfluss auf die Bedürfnisse nach Orientierung und Kontrolle, aber auch nach Bindung nimmt. Ebenso kann sie dem Mitarbeiter noch einmal verdeutlichen, dass sie die bisherige Arbeit sehr schätzt (bitte nur, wenn es auch stimmt), dass Fehler erlaubt sind und sie bei solchen voll hinter dem Mitarbeiter steht. Sie wird damit sein Bedürfnis nach Selbstwerterhöhung, aber wiederum auch nach Orientierung und Kontrolle bedienen. Es ist vollkommen unerheblich, ob man dies nun als ein mitarbeiter- oder aufgabenorientiertes Verhalten bezeichnet. Es wird mit sehr hoher Wahrscheinlichkeit Früchte tragen.

Nehmen wir noch das Beispiel eines E3, der seit 15 Jahren in derselben Abteilung arbeitet und dort auch immer dieselben Aufgaben erledigt. Er macht aufgrund seiner Erfahrung und Fachkenntnis einen ausgezeichneten Job, man merkt ihm aber an der Körperhaltung und der Stimmung, die er verbreitet, an, dass er äußerst demotiviert ist. Im Gespräch findet die Führungskraft nun heraus, dass er überhaupt keinen Spaß mehr an der Arbeit hat (Lustgewinn) und auch gar nicht mehr weiß, wie es für ihn weitergehen soll (Orientierung und Kontrolle).

Was er tut, ergibt überhaupt keinen Sinn mehr für ihn (Kohärenz). Führungskraft will er auf keinen Fall werden. Das liegt ihm einfach nicht, wie er sagt. Gleichzeitig will er unbedingt im Unternehmen bleiben, er kann sich aber auch nicht vorstellen, noch weitere 15 Jahre bis zur Rente denselben Job zu machen. Er ist vollkommen frustriert, dass er seiner Ansicht nach *nicht über die Ressourcen verfügt, diese Situation zu lösen.* Ihm jetzt zu sagen, dass er doch nicht frustriert sein muss, weil er einen fantastischen Job macht und sehr geschätzt wird (und damit Einfluss auf seinen Selbstwert zu nehmen), würde nichts helfen, wahrscheinlich würde der Schuss sogar nach hinten losgehen. Der Mitarbeiter würde sich, obwohl es ein mitarbeiterorientiertes Führungsverhalten ist, nicht ernst genommen fühlen. Mit ihm dagegen gemeinsam zu planen, wie sein weiterer beruflicher Werdegang aussehen könnte, und ihn dabei zu unterstützen, neue Aufgaben im Unternehmen oder im angestammten Bereich zu finden, hieße, auf die Bedürfnisse einzugehen, bei denen er ein Defizit empfindet. Wenn die Führungskraft dem Mitarbeiter dann noch ein wenig hilft, seine Komfortzone, in der er es sich wahrscheinlich ein wenig zu lange gemütlich gemacht hat, zu verlassen, könnten diese Interventionen durchaus zum Erfolg führen. Diesen kann man dann sehr einfach erkennen: Der Mitarbeiter zeigt wieder positive Emotionen.

Emotionales Führen von Mitarbeitern, die nicht in der Balance sind

Gerade ging es um Mitarbeiter, die aufgrund von Veränderungen, seien es nun Veränderungen in ihnen selbst (etwas macht keinen Spaß mehr) oder von Situationen (zum Beispiel eine neue Aufgabe), einen Angriff auf ihre Grundbedürfnisse erleben. Diese Angriffe erzeugen einen Zustand der Inkohärenz, den die Betroffenen selbst und/oder mit Unterstützung einer Führungskraft wieder ins Gleichgewicht bringen können. So etwas passiert tagtäglich. Das ist Führungsalltag.

Zu diesem gehören auch Mitarbeiter, die ein extremes Annäherungs- und Vermeidungsverhalten in Bezug auf einzelne Grundbedürfnisse zeigen. Allerdings nicht nur situativ, sondern permanent und ganz so, wie es in Kapitel 1 dieses Buches beschrieben wurde. Dieses Verhalten ist ein zentrales Merkmal ihrer Person und fällt auch anderen auf. Es sind die »Orientierungs- und Kontrollfreaks«, die alles zehn Mal prüfen wollen und bei der kleinsten Ungewissheit sofort wissen möchten, wie es für sie persönlich im Unternehmen weitergeht, oder die, das andere Extrem, keinerlei Verantwortung übernehmen möchten: »Sag du mir, liebe Führungskraft, was ich genau machen soll.« Es sind die »Kohärenzfreaks«, die alles perfekt machen wollen und über sehr wenig Ambiguitätstoleranz verfügen, oder aber, im umgekehrten Fall, durch ihre chaotische Arbeit auffallen. »Selbstwertfreaks« suchen, getrieben von ihren Selbstzweifeln, ständig ein positives Feedback und Herausforderungen, um sich dadurch selbst zu bestätigen, während ihr Pendant jeglicher Drucksituation, aus Angst eine Selbstwertverletzung zu erleiden, aus dem Weg geht. »Bindungsfreaks« können die Konflikte um sich herum nicht ertragen, sie streben ständig nach Harmonie und wollen alles im Team machen, während das andere Extrem sich von den Kollegen absondert, andere gerne vor den Kopf stößt und damit eine ungute Stimmung ins Team bringt. Und es gibt die »Lustfreaks«, denen es enorm schwerfällt, sich wirklich anzustrengen, und die bei der kleinsten Extraarbeit oder Aufgabe, die ihnen nicht so liegt, laut stöhnen, während andere umgekehrt stundenlang im Büro sitzen, kein Privatleben haben und somit Gefahr laufen, irgendwann auszubrennen. Und, als wäre das noch nicht genug, finden sich natürlich auch alle nur denkbaren Kombinationen dieser Verhaltensweisen. Na, haben Sie ein paar Ihrer Mitarbeiter in den Beschreibungen wiederentdeckt? All diese Befindlichkeiten stellen Führungskräfte häufig vor erhebliche Herausforderungen und verlangen ihnen eine Menge an Führungsarbeit ab.

Es ist nun nahezu unmöglich, jede denkbare Kombination von extremen Verhaltensweisen aufzulisten und Führungskräften entsprechend Handlungsempfehlungen zu geben. Aus der Sicht der Wissenschaft ist es durchaus denkbar, dass gewisse Typen von Mitarbeitern besonders häufig auftreten, aber die Forschung ist noch nicht so weit und so wurden entsprechende Typen noch nicht identifiziert. Ich könnte nun sicherlich den einen oder anderen Typ erfinden, möchte dies aber unterlassen, um nicht ins Pseudowissenschaftliche zu verfallen. Entsprechend bleibt nur die Möglichkeit, erst einmal grundlegende Handlungsempfehlungen bzw. Regeln zum Umgang mit allen extremen Mitarbeitertypen vorzuschlagen.

Was ist das eigentlich für einer?
Diese Frage steht an erster Stelle. Was ist mit dem Mitarbeiter eigentlich los bzw. um welche(s) Grundbedürfnis(se) geht es bei ihm vor allem. Dies hilft beim Verständnis der Person und auch dabei herauszufinden, wie eine gute Intervention aussehen könnte. Bei jemandem, der aufgrund eines extremen Vermeidungsverhaltens in Bezug auf das Bedürfnis nach Selbstwerterhöhung auffällt, werden Sie wahrscheinlich ganz andere Interventionen setzen als bei jemandem, der ein extremes Vermeidungsverhalten bei Bindung zeigt. Für eine solche Analyse können Sie Tool 1 dieses Buches nutzen. Mithilfe des Fragebogens zur Fremdeinschätzung (siehe S. 190) – wie schätzt der Mitarbeiter Sie ein – gewinnen Sie auch Erkenntnisse über den Mitarbeiter. Ebenso können Ihnen die Fragen aus der offenen Selbstreflexion (siehe S. 200 ff.) dabei helfen, Ihrem Mitarbei-

ter etwas mehr »auf die Schliche« zu kommen. Dann nämlich, wenn Sie die Fragen im Hinblick auf ihn beantworten.

Ist das alles wirklich so schlimm?
Halten Sie erst noch einmal inne, bevor Sie aktiv werden. Kernfrage ist, ob das Verhalten des Mitarbeiters tatsächlich so gravierend ist, dass man ein Gespräch mit ihm darüber führen muss, um ihn zu einer Verhaltensänderung zu bewegen. Viele Verhaltensweisen anderer gefallen uns nicht. Sie entsprechen so gar nicht dem, was wir selbst in einer vergleichbaren Situation tun würden. Sie sollten überlegen, zu welchen negativen Konsequenzen das Verhalten des Mitarbeiters (für ihn selbst oder für andere) führt, und ob dies wirklich so dramatisch ist. Wer dann zu einem Nein kommt, kann auf die Intervention verzichten. Der Return on Invest, also das Ergebnis, das man für die eingesetzten persönlichen Ressourcen erhält, wäre einfach zu gering. Wer sich diesbezüglich unsicher ist, kann Kollegen um Rat fragen – wie sehen sie die Situation? Gewarnt seien an dieser Stelle allerdings die Führungskräfte, die Konflikten, meist aufgrund eines Bindungs- oder Selbstwertthemas, lieber aus dem Weg gehen. Diese kommen nämlich meist zu schnell zu dem Schluss, dass es sich nicht lohnt, ein Gespräch zu führen. Das Motiv und somit die Motivation hinter dieser Entscheidung ist aber häufig nicht die akkurate Analyse der Situation, sondern der Wunsch, einen Konflikt zu vermeiden.

»First look at the woman/the man in the mirror«
Diese Regel gilt für eine Vielzahl von Situationen im Leben und führt die gerade angestellten Überlegungen weiter. Vielleicht ist das Problem ja nicht der Mitarbeiter, sondern Sie selbst sind es. Ein Beispiel:
Eine Führungskraft, nennen wir sie Frau Müller, hat eine sehr selbstbewusste und kompetente Mitarbeiterin im Team.

Das Selbstvertrauen von Frau Müller ist hingegen eher gering ausgeprägt. Ihre Mitarbeiterin fordert sie in Teammeetings und Einzelgesprächen sehr und bringt sie häufig aus dem Gleichgewicht. Sie hinterfragt eine Vielzahl von Themen und Anweisungen, die Frau Müller gibt. Nicht, weil sie sie bloßstellen will, sondern weil sie den Dingen auf den Grund gehen möchte. Frau Müller könnte nun natürlich, um sich selbst besser zu fühlen, von ihrer Mitarbeiterin einfordern, dass sie ihr Verhalten ändert. Dies wäre aber nicht zielführend und sie würde eine ihrer besten Mitarbeiterinnen vergraulen. Entsprechend bleibt Frau Müller nur der Weg, in den Spiegel zu schauen und zu erkennen, dass es beispielsweise kein Problem ist, mal eine Frage nicht beantworten zu können, und dadurch ihr eigenes Selbstbewusstsein zu fördern.

Schwächen in Stärken umwandeln
Wie mehrfach erwähnt, können aus extremen Annäherungs-, und manchmal auch Vermeidungsverhaltensweisen großartige Leistungen entstehen. Aus »Bindungsvermeidern«, die keinerlei Angst vor Konflikten haben, können ausgezeichnete Anwälte werden, und »Selbstwertannäherer«, die durch Kreativität und harte Arbeit glänzen, können einen riesigen Mehrwert im Unternehmen schaffen. Entsprechend kann man sich an dieser Stelle überlegen, ob die positiven Seiten des gezeigten Verhaltens vielleicht von so großer Wichtigkeit für den eigenen Bereich sind, dass man die negativen Effekte mit in Kauf nimmt, oder aber, ob es nicht eine andere Aufgabe, einen anderen Bereich im Unternehmen gibt, wo der Mitarbeiter diese Eigenschaften noch besser zum Einsatz bringen kann. Dies wäre dann eine Win-win-Situation. Der Mitarbeiter könnte seine Stärken ausleben und darüber Zufriedenheit empfinden und das Unternehmen würde ebenso davon profitieren.

Ein gutes Feedback wirkt (häufig) Wunder

Ist man nach all diesen Überlegungen zu dem Schluss gekommen, dass eine Intervention unumgänglich ist, bleibt nur das Gespräch mit dem Mitarbeiter. Diese Gespräche werden in der Regel Kritik- oder, weicher, Feedbackgespräche genannt. Die Güte solcher Gespräche ist ganz entscheidend dafür, ob und wie schnell sich ein Verhalten ändert. Dazu gibt es eine Fülle an Literatur, hier möchte ich deshalb nur kurz die aus meiner Sicht wichtigsten Prinzipien eines guten Feedbacks nennen. Zum Thema Emotional Leading gehört das nur am Rande, allerdings haben die fünf Prinzipien sehr viel mit eigenen Haltungen und somit den eigenen und den Emotionen der Mitarbeiter zu tun, auf die man damit zentral Einfluss nimmt.

- **Prinzip 1: Nehmen Sie eine achtsame Haltung ein**

  Häufig nimmt eine Führungskraft das Verhalten des Mitarbeiters, zu dem sie ihm ein Feedback geben möchte, emotional mit. Sie ist verärgert, weil sie ihre Rechte verletzt sieht, frustriert, weil sie es bisher nicht geschafft hat, das Verhalten in die richtigen Bahnen zu lenken, verängstigt, weil sie die Gefahr sieht, der Situation nicht mehr Herr zu sein, oder vielleicht auch traurig, weil sie befürchtet, einen sehr guten Mitarbeiter zu verlieren. All diese Emotionen sind in der Regel für ein gutes Feedbackgespräch hinderlich. Es kann zwar auch einmal hilfreich sein, deutlich seine Emotionen zu zeigen und zu benennen (»Sie machen mich richtig wütend« oder »Ich bin total frustriert und hilflos, weil ich nicht mehr weiß, was ich machen soll«), weil dies dann wie ein Weckruf wirkt; dies sollte man sich aber für höhere Eskalationsstufen, wenn also andere Maßnahmen nicht gefruchtet haben, aufbewahren. Man sollte sich bemühen, mit einer möglichst achtsamen, wertfreien Haltung in das Gespräch zu gehen. Dies kann einem gelingen, wenn man sich noch einmal verdeutlicht, dass der

Mitarbeiter sein Verhalten nicht zeigt, um einen persönlich damit zu verletzen (so ist es in den allermeisten Fällen), sondern weil er aufgrund seiner Genetik und seiner Sozialisation erst einmal nicht anders kann. Er möchte mit dem Verhalten nicht die von der Führungskraft als negativ empfundenen Emotionen hervorrufen. Das ist nicht sein Motiv. Er möchte eines seiner psychologischen Grundbedürfnisse schützen oder befriedigen. Diese achtsame und wertfreie Haltung hilft, Gelassenheit zu bewahren, ohne dass dies einem konsequenten Handeln abträglich wäre, und somit auch die Zügel über den Gesprächsverlauf in den Händen zu behalten.

- **Prinzip 2: Unterscheiden Sie zwischen Person und Verhalten**
Fast alle Menschen zeigen eine vergleichbare Art des Schlussfolgerns, was die Beziehung zwischen dem Verhalten eines Menschen und dem Menschen selbst anbelangt. Jemand tut etwas, das uns sympathisch ist und das wir gut finden, er geht zum Beispiel offen, lächelnd und freundlich auf uns zu, und schon ist nicht nur sein Verhalten sympathisch und gut, sondern die Person als Ganzes. Wir sagen: »Der *ist* echt nett« statt »Der *verhält* sich echt nett«. Problematisch wird das, wenn wir diese Analogie bei Verhaltensweisen herstellen, die uns nicht so gefallen. Jemand grüßt uns nicht oder geht einfach weiter, während wir mit ihm sprechen, das ist uns unsympathisch und schon ist es der Mensch als Ganzes. »Der *ist* echt unhöflich, unsympathisch und blöd« statt »Der *macht* echt unhöfliche, unsympathische und blöde Sachen«. Dieses (vermutlich evolutionär begründete) Vorgehen ist erst einmal sehr nützlich, weil es uns heute wie damals erlaubt, in sehr kurzer Zeit (es dauert meistens nur wenige Sekunden) Menschen, denen wir begegnen, in »Freund« und »Feind« einzutei-

len. Natürlich hört jeder gerne über sich, dass er nett und sympathisch ist, aufgrund eines Verhaltens generell als unsympathisch und blöd eingestuft zu werden, bedeutet hingegen einen massiven Angriff auf das Bedürfnis nach Selbstwerterhöhung und Selbstwertschutz, der Widerstand auslöst. Zumal er in der Form weder beim positiven noch beim negativen Feedback zulässig ist. Der Mensch, der Ihnen da gerade so sympathisch gegenübertritt, tut in seinem Leben vielleicht ganz andere, sehr böse Dinge, und der, der Sie nicht gegrüßt hat, arbeitet vielleicht bei »Ärzte ohne Grenzen« und hat sein eigenes Leben riskiert, um anderen das Leben zu retten. Das heißt nicht, dass man gar keine Unterscheidung mehr treffen soll. Man kann durchaus ein Verhalten als schlecht, unangemessen, unsympathisch benennen, ohne damit gleich die ganze Person als solche zu bezeichnen. Die berühmte Schublade also nicht auf- und gleich wieder zumachen, sondern sie ein gutes Stück offen lassen. Diese Haltung findet sich als ein zentraler Wert des menschlichen Handelns übrigens auch in den christlichen Religionen. »Bereue deine *Tat* und dir wird als *Person* verziehen.«

Diese Trennung von Person und Verhalten ist bei einem Kritikgespräch wichtig, da sie zu einer deutlich gelasseneren und wertschätzenderen Haltung gegenüber dem Mitarbeiter führt. Fehlverhalten muss klar benannt und mit konkreten Beispielen untermauert werden. Es ist aber deutlich zielführender, jemandem zu sagen, dass er beispielsweise die Kollegen mehr unterstützen könnte, statt ihm zu sagen, dass er faul *ist*. Letzteres führt nur zu Widerstand.

- **Prinzip 3: Kaum jemand hat nur schlechte Seiten**
Am kontroversesten wird die Reihenfolge des Feedbacks unter meinen Beraterkollegen und Führungskräften disku-

tiert. »Soll ich erst etwas Positives sagen?«, »Soll ich direkt mit dem Negativen beginnen und dann zum Schluss etwas Positives sagen, damit der Mitarbeiter mit einem guten Gefühl aus dem Gespräch geht?«, »Oder soll ich die Sandwichtechnik anwenden? Erst was Positives, dann das Negative und zum Schluss noch etwas Positives?« Ich kenne hierzu keine detaillierte wissenschaftliche Studie, und so kann ich nur aus meiner Erfahrung als Führungskraft und als Berater sprechen (bei Coachings, Trainings und im Nachgang von Assessment Centern habe ich schon weit über tausend Menschen ein Feedback gegeben). Ich bin über die Jahre zu dem Schluss gekommen, dass die Frage nicht pauschal beantwortet werden kann, sondern dass man sie, analog zu dem Prinzip des situativen Führens, situationsspezifisch entscheiden muss. Ganz grundsätzlich bin ich der festen Überzeugung, dass man mit der Reihenfolge »erst positiv, dann negativ« am besten fährt. Aber nicht immer. Wenn eine Führungskraft, nehmen wir eine Teamleiterin in einem Callcenter, zum Beispiel beobachtet, dass einer ihrer Mitarbeiter einen Kunden am Telefon schwer beleidigt, dann kann und sollte sie das direkt ansprechen. In so einem Fall zu sagen: »Ich finde, Sie haben eine ganz tolle Telefonstimme, habe aber gerade sehr negativ erlebt, wie Sie den Kunden beleidigt haben«, ergibt keinen Sinn. Das führt meistens nur dazu, dass sich der Mitarbeiter (auch diese kennen Feedbackregeln) denkt, dass die Teamleiterin offensichtlich gerade auf einem Führungstraining war, wo sie diese Technik gelernt hat. Der Mitarbeiter fühlt sich manipuliert und wird die Teamleiterin nicht ernst nehmen. In einem ausführlichen Feedbackgespräch, für das man sich ausreichend Zeit nimmt, ist es jedoch sinnvoll, erst einmal über die ganzen positiven Dinge zu sprechen, die der Mitarbeiter tagtäglich tut, um dann in die Verbesserungsthemen einzusteigen. Und dies funktioniert vor allem dann, wenn man, erstens, diese Struktur zu Beginn des Gesprächs ankündigt, und wenn man, zweitens, auch ganz authentisch, ehrlich und wertschätzend positive Dinge benennt, die man beobachtet hat. (Saugt man sich an dieser Stelle etwas aus den Fingern, sollte man es lieber lassen, denn das merkt das Gegenüber und es hat in der Regel den gegenteiligen Effekt.) Man sollte dies gar nicht als Technik sehen, sondern als eine grundlegende Haltung, mit der man seinem Gesprächspartner signalisiert, dass es sehr vieles gibt, was man an ihm schätzt, und auch ein paar Sachen, bei denen er sich weiterentwickeln kann. Daraus entsteht eher ein Wille zur Veränderung, als wenn man mit dem Negativen startet. Eine positive Beurteilung zum Schluss wirkt dann nämlich häufig nur wie ein Trostpflaster.

- **Prinzip 4: Sie sind die Führungskraft, also sprechen Sie auch von sich**
Bei jedem Feedback- und Kritikgespräch sollte sich eine Führungskraft bewusst sein, dass es sich um die eigene Meinung und, idealerweise, auch um die eigenen Beobachtungen handeln sollte. Es ist allzu einfach, sich auf die Meinung eines anderen zu beziehen, und so tun Führungskräfte, manchmal aufgrund eines starken Harmoniebedürfnisses, genau dies. Sie schieben also zum Beispiel die eigene Führungskraft vor. Das klingt dann so: »Mein Chef hat Sie in der und der Situation beobachtet und ist der Meinung, dass Sie Ihr Verhalten ändern sollten.« Wenn dann noch der Satz »Ich bin da eigentlich ganz anderer Meinung« kommt, wird zudem das Bedürfnis nach Kohärenz in Mitleidenschaft gezogen. Es liegen zwei gegensätzliche Informationen vor und der Mitarbeiter muss nun sehen, was er damit anfängt. Kein angenehmes Gefühl. Entspre-

chend ist es zentral, solche Situationen zu vermeiden und nur von den eigenen Beobachtungen und seiner eigenen Meinung zu sprechen. Im eben genannten Beispiel also zu sagen, dass man selbst der Auffassung ist, das Verhalten des Mitarbeiters sollte sich ändern. Allerdings nur, wenn man auch wirklich diese Meinung vertritt, was natürlich nicht immer der Fall ist. Bevor sich eine Führungskraft zum Erfüllungsgehilfen des eigenen Vorgesetzten macht, sollte sie in eine andere »Schlacht« ziehen, nämlich sich mit diesem auseinandersetzen. Sollte dies nicht den gewünschten Erfolg zeigen, bleibt nur noch die Möglichkeit, ihn dazu zu bewegen, das Gespräch eben selbst mit dem Mitarbeiter zu führen.

Vergleichbares gilt, wenn sich einzelne Teammitglieder über das Verhalten eines Kollegen beschweren und versuchen, die Führungskraft auf ihre Seite zu ziehen. »Liebe Führungskraft, du hast hier die Verantwortung, also unternimm bitte etwas.« Sie berichten dann über etwas, was die Führungskraft selbst gar nicht gesehen hat, und bitten diese einzuschreiten. Eine Falle, in die gerade sehr hilfsbereite und verantwortungsvolle Führungskräfte leicht tappen. Auch an dieser Stelle ist es geboten, die Mitarbeiter erst einmal zu fragen, ob sie das Thema, das sie stört, schon selbst einmal angesprochen haben. Dies ist nämlich häufig nicht der Fall. Kaum jemand liebt es, in einen Konflikt zu gehen. Haben sie es gemacht, ohne dass es zu einem Erfolg geführt hätte, oder fühlen sie sich aus Angst nicht in der Lage dazu, kann es tatsächlich notwendig werden, dass die Führungskraft das Gespräch sucht. Aber dann bitte nur, nachdem sie sich die Zustimmung eingeholt hat, von den Beobachtungen der anderen sprechen und diese auch namentlich nennen zu dürfen.

- **Prinzip 5: Sie müssen niemanden überzeugen**

Mit diesem Prinzip widerspreche ich wahrscheinlich der Meinung einer Vielzahl von Menschen. Ist es nicht eine der wichtigsten Aufgaben einer Führungskraft, andere zu überzeugen, sie auf ein Ziel einzuschwören und diesbezüglich eine hohe Motivation zu erzeugen? Nein, ist es nicht, denn das können die Mitarbeiter nur selbst, was gerade im Rahmen von Feedbackgesprächen deutlich wird. Wenn Sie in ein solches Gespräch mit dem Vorsatz gehen, den Mitarbeiter von der Notwendigkeit einer Verhaltensänderung zu überzeugen, setzen Sie sich selbst stark unter Druck und der Mitarbeiter wird diesen Druck und diesen Willen wahrscheinlich (zumindest unbewusst) auch spüren. Was meist den Effekt hat (denken Sie an das Bedürfnis nach Kontrolle), dass der andere *reaktant* wird. Er baut einen Widerstand auf, der gar nichts mit dem Thema selbst zu tun hat, sondern einfach nur aus dem Gefühl entsteht, keine eigene Handlungsoption mehr zu haben. Gerade Menschen, die gegenüber Kontrolle ein starkes Annäherungsverhalten zeigen, werden einen besonders starken Widerstand entwickeln. Bei Menschen mit einem Vermeidungsverhalten wird diese Reaktion weniger stark oder gar nicht auftreten. Sie machen halt das, was man ihnen sagt. Daher ist es zielführender, eine »Ich muss sie/ihn überzeugen«-Haltung gar nicht erst einzunehmen. Natürlich müssen Sie, bei aller Flexibilität und Offenheit für die Meinung und Sichtweise der anderen, selbst von dem *überzeugt* sein, was Sie tun und was Sie sagen. Das hat etwas mit gesundem Selbstvertrauen zu tun, welches den Mitarbeitern wiederum Orientierung gibt und Sie in deren Augen *kohärent, stimmig* erscheinen lässt. Es heißt aber nicht, dass Sie alle Mitarbeiter von Ihrer Meinung überzeugen müssen. Sie dürfen, und müssen auch, gute Argumente und Gründe für die angestrebte Verhaltensänderung präsentieren. Die Zeiten von »Order per Mufti« sind zum Glück in der Mehrzahl der Unternehmen endgültig vorbei. Was Ihr Mitarbeiter aber dann damit macht, ob er sich von Ihren Argumenten *überzeugen lässt,* ist seine ganz eigene und persönliche Entscheidung. Vielleicht bringt er in dem Gespräch ja eine Sichtweise ein, die Sie selbst noch gar nicht bedacht haben, die Ihnen logisch erscheint, Sie überzeugt – wohin würde Sie dann eine sture Haltung bringen? Vielleicht will Ihr Mitarbeiter sich aber auch gar nicht ändern, sondern so bleiben, wie er ist? Dann bleibt Ihnen, wenn der Punkt Ihnen wirklich wichtig ist und Sie selbstbewusst zu Ihrer Meinung stehen, nur der Weg, eine Trennung in die Wege zu leiten.

Unterstützen Sie den Mitarbeiter dabei, seine Komfortzone zu erweitern

Wir haben bereits darüber gesprochen, wie wichtig es ist, Dinge einfach einmal anders zu machen und die Komfortzone zu verlassen. Dieser Schritt ist anfangs häufig von negativen Emotionen begleitet, bedeutet aber, dass wir unsere Handlungsoptionen vergrößern. Wir haben plötzlich mehrere Möglichkeiten, auf eine Situation zu reagieren, und oft ändert sich unsere Einstellung zu uns selbst oder zu einer bestimmten Situation. Jemand macht die Erfahrung, dass er etwas kann, was er sich bisher nicht zugetraut hat, oder dass dank der neuen, erst einmal schwierigen Herangehensweise plötzlich vieles leichter fällt. Dann müssen wir nicht mehr über unsere Einstellung nachdenken, sie ändert sich quasi von alleine. Deshalb ist diese Methode für Führungskräfte auch eine der einfachsten. Erst einmal geht es nur darum, den Mitarbeiter dazu zu bewegen, ihn ein wenig zu schubsen, ein anderes Verhalten auszuprobieren und dann mit ihm gemeinsam zu beobachten, ob sich dadurch etwas ändert. Beispielsweise den jungen Mitarbeiter, den Sie für sehr talentiert halten, der aber ein starkes Vermeidungsverhalten in Bezug auf seinen Selbstwert zeigt, dazu zu motivieren, eine Präsentation während eines Teammeetings zu machen. Oder mit Frau Schmidt zu vereinbaren, mal etwas weniger zu kontrollieren, um anschließend gemeinsam zu reflektieren, ob sich etwas ins Positive verändert hat. Sie werden also zu einer Art Verhaltenstrainer und Coach (ich vermeide bewusst den Begriff Verhaltenstherapeut) für Ihre Mitarbeiter und beschäftigen sich auf diese Weise mit einem der wahrscheinlich schönsten Aspekte von Führung: der Entwicklung Ihrer Mitarbeiter.

Selbstverständlich können Sie auch an den Einstellungen des Mitarbeiters arbeiten und mit ihm in einen sokratischen Dialog treten. Tun Sie sich an dieser Stelle aber bitte den Gefallen, sich und Ihre Zeit nicht zu überschätzen. Als Führungskraft haben Sie noch sehr viele andere Dinge zu tun, als sich um die Persönlichkeitsentwicklung Ihrer Mitarbeiter zu kümmern. Es stellt sich sogar die Frage, ob dies überhaupt die Aufgabe einer Führungskraft sein sollte. Ich selbst beantworte sie in jedem Fall mit einem klaren Nein. Menschen in einem solchen Prozess zu begleiten, ist zeitaufwendig und ein Handwerk, das man erlernen muss und kann. Ich weiß das, denn es ist mein Beruf. Dies widerspricht auch nicht der Tatsache, dass Führungskräfte Mitarbeitern helfen können und auch sollten, ihre Komfortzone zu verlassen und sich darüber hinaus weiterzuentwickeln. Es heißt lediglich, dass das Thema Persönlichkeitsentwicklung, neben den vielen anderen unternehmens- und mitarbeiterbezogenen Fragen, nicht auch noch auf dem Schreibtisch der Führungskraft landen sollte.

Zusammenfassung

Emotional Leading bezogen auf Mitarbeiter bedeutet für Sie als Führungskraft vier Dinge:

Erstens, die psychologischen Grundbedürfnisse des Mitarbeiters in das Zentrum des täglichen Führungshandelns zu stellen und somit immer wieder zu überprüfen, wie gut man selbst darin ist, den Mitarbeitern Orientierung und ein Gefühl der Kontrolle zu geben, ihren Selbstwert zu fördern, ihnen Spaß und Freude an der Arbeit zu vermitteln, ihr Bedürfnis nach Bindung zu befriedigen, und wie kohärent, stimmig und somit auch vorbildlich man selbst als Führungskraft handelt. Wer dieses Prinzip verinnerlicht, muss keine Führungsgrundsätze mehr auswendig lernen, sondern kann auf der Basis der Herausforderungen seines ganz persönlichen Arbeitsumfeldes überlegen, wie er diesen Grundbedürfnissen gerecht wird. Anregungen und Ideen, wie sich das realisieren lässt, haben Sie in diesem Kapitel und mit den Tools in Teil II kennengelernt.

Zweitens, aufmerksam für Angriffe auf die Grundbedürfnisse der Mitarbeiter und die daraus resultierenden emotionalen Reaktionen zu sein und das Führungsverhalten situativ anzupassen. Egal ob der Mitarbeiter selbst zu wenig auf sie geachtet hat oder sie durch die Veränderung externer Umstände, wie die Übernahme einer neuen Funktion oder Veränderungsprozesse im Unternehmen, bedingt sind. Die Frage, welche Grundbedürfnisse gerade tangiert werden, enthält dann in den allermeisten Fällen auch schon die Antwort, was zu tun ist, um einen emotional positiveren Zustand bei den Mitarbeitern zu fördern.

Drittens, extremes bedürfnisbezogenes Annäherungs- und Vermeidungsverhalten wahrzunehmen, richtig zu analysieren und auf der Basis einer akkuraten Selbstreflexion und im Rahmen seiner eigenen Möglichkeiten und der Verantwortungsspanne mutig zielführende Interventionen zu setzen.

Viertens, Emotionen als das zu verstehen, was sie sind. Mitarbeiter haben sie nicht, um ihre Führungskraft im negativen Falle zu ärgern oder, im positiven Falle, ihr eine Freude zu bereiten. Sie sollen durch das Führungsverhalten auch nicht hervorgerufen werden. Emotionen sind, ganz einfach, das Ergebnis einer Befriedigung oder Verletzung der psychologischen Grundbedürfnisse, für die zwei Personen im Arbeitsumfeld maßgeblich verantwortlich sind: der Mitarbeiter und seine Führungskraft.

Führungskräfte, die dies verstehen und in ihren Führungsalltag integrieren, werden, nichts anderes zeigt die Wissenschaft, mit sehr hoher Wahrscheinlichkeit gesunde, motivierte und effektive Mitarbeiter in ihrem Team haben.

Epilog: Über die Weisheit

Vor ziemlich genau einem Jahr habe ich einer von mir sehr geschätzten Beraterkollegin, Barbara Holker, zu ihrem fünfzigsten Geburtstag gratuliert. Auf die Frage, was sie sich denn für das kommende Jahr wünsche, kam die sehr simple Antwort: einfach immer mehr Weisheit.

Mich hat diese Antwort sehr überrascht und, wohlwissend, dass Barbara so etwas nicht einfach so dahinsagt, fing ich an, über Weisheit nachzudenken. Der Begriff wird im normalen Sprachgebrauch nur selten verwendet, was wahrscheinlich daran liegt, dass wir sie so selten antreffen. Ganz anders als das Gegenteil: Dummheit. Die wenigsten können Weisheit auf Anhieb korrekt definieren. Meine Neugier ließ nicht nach und so führte mich mein Weg ins Internet, direkt zu Wikipedia. Wohin auch sonst in unserer Zeit. Dort stand:

»Weisheit ist eine menschliche Kardinaltugend und bezeichnet vorrangig ein tiefgehendes Verständnis von Zusammenhängen in Natur, Leben und Gesellschaft sowie die Fähigkeit, bei Problemen und Herausforderungen die jeweils schlüssigste und sinnvollste Handlungsweise zu identifizieren. (...) Weitgehende Übereinstimmung herrscht in der Ansicht, dass Weisheit von geistiger Beweglichkeit und Unabhängigkeit zeugt: Sie befähigt ihren Träger, systematisch Dinge

- zu denken (›eine weise Erkenntnis‹, ›ein weiser Entschluss‹, ›ein weises Urteil‹),

- zu sagen (›ein weises Wort‹, ›ein weiser Rat‹) oder
- zu tun (›ein weises Verhalten‹),

die sich in der gegebenen Situation als nachhaltig sinnvoll erweisen.«

Plötzlich wurde mir im Hinblick auf meine Arbeit etwas sehr klar. Bei allem, was ich tagtäglich tue und wovon zentral auch dieses Buch handelt, geht es um das Thema Weisheit. Ich habe es nur anders genannt, nämlich akkurates Denken. Genau dieses Denken, eine kleine Portion Weisheit, führt dann dazu, dass wir weise Dinge sagen und weise Dinge tun. Und *weise fühlen*. Ein, wie ich finde, ganz wunderbares und wahrscheinlich nie ganz zu erreichendes Ziel.

Ich befasse mich seit nunmehr einem viertel Jahrhundert mit dem Thema Psychologie sowohl auf theoretisch-wissenschaftlicher als auch auf praktischer Ebene. Ich habe mich in dieser Zeit intensiv mit psychischer Krankheit und mit psychischer Gesundheit auseinandergesetzt. Mit Resilienz, also psychischer Stärke, ebenso wie mit positiver Psychologie oder der Glücksforschung. Gerade wenn man sich mit so vielen unterschiedlichen und gleichzeitig auch sehr ähnlichen Themen beschäftigt, kann man leicht die Orientierung verlieren. Ist Resilienz nun ein Teilgebiet der positiven Psychologie oder ist es umgekehrt? Macht mich die Tatsache, dass ich glücklich bin, resilienter oder ist es eher umgekehrt, und ich bin glücklicher, weil ich resilient bin? Ich garantiere Ihnen, dass ich manchmal dasaß und mir dachte: »Ich verstehe gerade gar nichts mehr. Wo genau sind die Zusammenhänge und wo die Gegensätze?«

Ich bin über die vielen Jahre des Lesens, Nachdenkens, des Diskutierens, Forschens und des praktisch Anwendens zu einem sehr einfachen Schluss gekommen: Der Kitt zwischen all diesen Disziplinen sind die psychologischen Grundbedürfnisse des Menschen. Grundbedürfnisse, die idealerweise in der ersten Sekunde nach der Geburt und bis zu der letzten Sekunde unseres Lebens adäquat durch unsere Umwelt und durch uns selbst »bedient« werden. Das ist es, was uns letztendlich zu gesunden, glücklichen, psychisch starken und somit resilienten Menschen macht. Und eben nicht das Penthouse in New York.

Kein Mensch erfährt in seinem Leben eine perfekte Befriedigung seiner psychologischen Bedürfnisse – zu vielfach sind die Möglichkeiten, dass diese durch unsere Umwelt verletzt werden. Aber es ist auch nicht nötig, denn indem wir solche Verletzungen erleben und die negativen Emotionen überwinden, lernen wir, dass wir dazu in der Lage sind und wieder eine Balance, Kohärenz und einen positiven emotionalen Zustand herstellen können. Wir lernen emotionale Führung.

Ich möchte diesen Epilog mit demselben Zitat von Klaus Grawe beschließen, das auch am Ende des Vorworts steht:

»Die beste Art, das Gehirn gesünder zu machen, ist eine bessere Bedürfnisbefriedigung.«

Vielleicht hat er mit diesem gesunden Gehirn auch ein weises, ein akkurat denkendes Gehirn gemeint.

Ich sehe es jedenfalls so.

II

Fragebögen und Übungen

Analyse-Tool 1:
Persönliche Bedeutung der Grundbedürfnisse

Leider gibt es derzeit noch kein wissenschaftliches Instrument, mit dem wir valide und präzise messen können, ob ein Mensch ein eher extremes oder balanciertes Verhalten in Bezug auf die Befriedigung seiner fünf psychologischen Grundbedürfnisse zeigt. Eine Mitarbeiterin von mir und ich selbst sind gerade dabei, ein solches zu entwickeln und, wie das in der Wissenschaft so ist, wird es auch noch einige Zeit in Anspruch nehmen, bis es fertiggestellt ist.

Lassen Sie mich Ihnen dennoch einige Verhaltensweisen zeigen, die aus meiner Sicht typisch sind für Menschen, die ein extremes Annäherungs- bzw. Vermeidungsverhalten zeigen. Sie können für sich selbst dann auf der vorgegebenen Skala von 1 (»trifft so gut wie nie auf mich zu«) bis 5 (»trifft so gut wie immer auf mich zu«) einschätzen, wie gut Sie dieses Verhalten beschreibt. Je höher Ihr Wert insgesamt ist, bezogen auf das jeweilige Grundbedürfnis, desto bedeutender ist dieses für Sie, sei es nun ein Annäherungs-, ein Vermeidungs- oder ein Annäherungs-Vermeidungsverhalten.

Der erste Fragebogen dient der Selbsteinschätzung. Mit Hilfe des zweiten Fragebogens können Sie sich Feedbacks von so vielen Menschen, wie Sie möchten, einholen.

Diejenigen, die keine Kopien von den folgenden Seiten machen möchten, können Vorlagen der Fragebögen von der Internetseite www.dtv.de/_pdf/Mourlane.pdf im pdf-Format kostenfrei herunterladen. Dort finden Sie übrigens alle Tools, die hier dargestellt sind.

Fragebogen zur Selbsteinschätzung

Bitte beurteilen Sie die folgenden Personenbeschreibungen dahingehend, wie gut diese auf Sie zutreffen. Benutzen Sie dazu folgende Skala:

1 = trifft so gut wie nie auf mich zu
2 = trifft eher selten auf mich zu
3 = trifft manchmal auf mich zu
4 = trifft häufig auf mich zu
5 = trifft so gut wie immer auf mich zu

Versuchen Sie die Aussagen möglichst spontan zu beurteilen und sich so zu beschreiben, wie Sie wirklich sind, und nicht, wie Sie sein wollen oder denken sein zu müssen. Nur so können Sie valide Ergebnisse erzielen. Denken Sie dabei auch daran, dass ein hoher oder niedriger Wert per se nicht etwas Gutes oder Schlechtes bedeutet (siehe S. 100). Entscheidend ist, zu welchen kurz-, mittel- oder langfristigen positiven und/oder negativen Konsequenzen die jeweilige Ausprägung bei Ihnen führt.

Personenbeschreibung

1. Ich zweifle vor Herausforderungen sehr häufig stärker an mir, als ich es müsste, und gehe diese dann trotzdem an, um mir zu beweisen, dass ich es kann.	1	2	3	4	5
2. Ich suche permanent Herausforderungen und wenn ich dabei einen Misserfolg habe, nimmt mich das sehr mit.	1	2	3	4	5
3. Mir ist es sehr wichtig, dass meine Leistung und meine Erfolge durch andere anerkannt werden, und wenn dies nicht geschieht, ärgert mich das oder macht mich traurig.	1	2	3	4	5
4. Ich zweifle vor Herausforderungen sehr häufig stärker an mir, als ich es müsste, und vermeide es dann lieber, diese anzugehen.	1	2	3	4	5
5. Ich gehe Herausforderungen lieber aus dem Weg, um die negativen Konsequenzen im Falle eines Misserfolgs zu vermeiden.	1	2	3	4	5
6. Ich lasse lieber andere Menschen Verantwortung übernehmen und agiere lieber in einer unterstützenden Funktion im Hintergrund.	1	2	3	4	5
7. Mir ist es äußerst wichtig, möglichst viele Menschen um mich herum zu haben, und wenn dies nicht der Fall ist, macht mich dies nervös oder traurig.	1	2	3	4	5
8. Mir fällt es sehr schwer, Kritik zu äußern, weil ich dadurch Konflikte auslösen und die Harmonie gefährden könnte.	1	2	3	4	5
9. Ich habe eine starke Tendenz, andere Menschen zu erhöhen, und bin sehr abhängig von ihrer Stimmungslage.	1	2	3	4	5
10. Eigentlich lebe ich nach dem Motto, dass man nur sich selbst trauen kann und anderen Menschen daher besser nicht vertrauen sollte.	1	2	3	4	5

11. Mir fällt es sehr schwer, enge Bindungen zu anderen Menschen einzugehen. Am Ende wird man ja sowieso nur enttäuscht.	1	2	3	4	5
12. Ich habe überhaupt kein Problem damit, jemanden vor den Kopf zu stoßen, auch wenn dies dazu führt, dass es einen großen Streit gibt oder man sich gar nicht mehr sieht.	1	2	3	4	5
13. Das Wichtigste im Leben ist, dass man möglichst viel Spaß hat, auch wenn dies dazu führt, dass man vielleicht nicht sehr erfolgreich ist.	1	2	3	4	5
14. Mir fällt es enorm schwer, mich zu quälen und bei einer Sache zu bleiben, wenn mir diese keinen Spaß bereitet.	1	2	3	4	5
15. Eigentlich weiß ich, dass mein »Lustverhalten« irgendwann zu negativen Konsequenzen führen wird. Abstellen kann ich es aber trotzdem nicht.	1	2	3	4	5
16. Ich lebe ganz nach dem Motto »Erst die Arbeit und dann das Vergnügen« bzw. »Nur harte Arbeit zählt«.	1	2	3	4	5
17. Ich habe überhaupt kein Problem damit, mich »zu quälen«, auch wenn ich weiß, dass ich es übertreibe. Mich so richtig »gequält zu haben«, verschafft mir im Nachgang sogar ein Gefühl der Genugtuung.	1	2	3	4	5
18. Wenn ich über einen gewissen, häufig nur sehr kurzen Zeitraum bloß Spaß gehabt habe und ich nicht vorangekommen bin, bekomme ich ein äußerst schlechtes Gewissen und handle dann entsprechend.	1	2	3	4	5
19. Nicht zu wissen, wie es in einer Situation weitergeht, ist für mich sehr unangenehm und quälend. Daher entscheide ich schnell.	1	2	3	4	5
20. Ich möchte bestimmen, wie etwas gemacht wird, und wenn sich da jemand einmischt, werde ich recht schnell ärgerlich.	1	2	3	4	5

21. Ich erwarte von anderen Menschen permanent, dass sie mich regelmäßig informieren und auch nach meiner Meinung fragen.	1	2	3	4	5
22. Mir fällt es auch bei Kleinigkeiten sehr schwer, mich zu entscheiden, was häufig emotional quälende Zustände bei mir auslöst.	1	2	3	4	5
23. Ich lebe nach dem Motto »Lieber nicht festlegen. Flexibilität ist das Einzige, was zählt«.	1	2	3	4	5
24. Wenn ich mich auf einen Weg festgelegt habe, fallen mir tausend Dinge ein, warum ich es doch nicht hätte machen sollen, was mich wiederum stark belastet.	1	2	3	4	5
25. Mir wurde schon häufig gesagt, dass ich ein absoluter Perfektionist bin und dass mir das auch schadet.	1	2	3	4	5
26. Wenn etwas nicht logisch und stimmig ist, werde ich sofort aktiv und gehe der Sache so lange nach, bis es wieder stimmig für mich ist.	1	2	3	4	5
27. Menschen, die Aufgaben ungenau erledigen, machen mich richtig aggressiv und sie bekommen meinen Ärger durchaus zu spüren.	1	2	3	4	5
28. Ich lebe nach dem Chaos-Prinzip. Nichts ist aus meiner Sicht vorhersagbar und entsprechend sollte man auch im Leben agieren.	1	2	3	4	5
29. Perfektionisten, die alles bis ins kleinste Detail wissen wollen und dies von mir einfordern, verursachen mir nahezu körperlichen Schmerz.	1	2	3	4	5
30. Der Satz »Regeln sind dazu da, gebrochen zu werden« könnte auch von mir stammen.	1	2	3	4	5

Fragebogen zur Fremdeinschätzung

Die Person, die Ihnen diesen Fragebogen überreicht hat, bittet Sie, ihr ein ehrliches Feedback zu geben und zu beurteilen, wie gut die folgenden Personenbeschreibungen auf sie zutreffen. Bitte benutzen Sie dazu folgende Skala:

1 = trifft so gut wie nie auf die Person zu
2 = trifft eher selten auf die Person zu
3 = trifft manchmal auf die Person zu
4 = trifft häufig auf die Person zu
5 = trifft so gut wie immer auf die Person zu

Versuchen Sie die Aussagen möglichst spontan zu beurteilen und die Person so zu beschreiben, wie sie wirklich ist, und nicht, wie sie sein will oder denkt sein zu müssen. Nur so können valide Ergebnisse erzielt werden. Denken Sie dabei auch daran, dass ein hoher oder niedriger Wert per se nicht etwas Gutes oder Schlechtes über die Person aussagt. Entscheidend ist, zu welchen kurz-, mittel- oder langfristigen positiven und/oder negativen Konsequenzen die jeweilige Ausprägung eines Verhaltens führt.

Es mag Ihnen bei der einen oder anderen Beschreibung schwerfallen, eine Einschätzung zu treffen. Lassen Sie den Punkt trotzdem nicht aus und kreuzen Sie die Zahl an, von der Sie vermuten, dass sie am ehesten zutrifft.

Herzlichen Dank für Ihre Unterstützung!

Personenbeschreibung

1. Die Person zweifelt vor Herausforderungen sehr häufig stärker an sich, als sie es müsste, und geht diese dann trotzdem an, um sich zu beweisen, dass sie es kann.	1	2	3	4	5
2. Die Person sucht permanent Herausforderungen und wenn sie dabei einen Misserfolg hat, nimmt sie das sehr mit.	1	2	3	4	5
3. Der Person ist es sehr wichtig, dass ihre Leistung und ihre Erfolge anerkannt werden, und wenn dies nicht geschieht, ärgert sie das oder macht sie traurig.	1	2	3	4	5
4. Die Person zweifelt vor Herausforderungen sehr häufig stärker an sich, als sie es müsste, und vermeidet es dann lieber, diese anzugehen.	1	2	3	4	5
5. Die Person geht Herausforderungen lieber aus dem Weg, um die negativen Konsequenzen im Falle eines Misserfolgs zu vermeiden.	1	2	3	4	5
6. Die Person lässt lieber andere Menschen Verantwortung übernehmen und agiert lieber in einer unterstützenden Funktion im Hintergrund.	1	2	3	4	5
7. Der Person ist es äußerst wichtig, möglichst viele Menschen um sich herum zu haben, und wenn dies nicht der Fall ist, macht sie dies nervös oder traurig.	1	2	3	4	5
8. Der Person fällt es sehr schwer, Kritik zu äußern, weil sie dadurch Konflikte auslösen und die Harmonie gefährden könnte.	1	2	3	4	5
9. Die Person hat eine starke Tendenz, andere Menschen zu erhöhen, und ist sehr abhängig von deren Stimmungslage.	1	2	3	4	5
10. Eigentlich lebt die Person nach dem Motto, dass man nur sich selbst trauen kann und anderen daher besser nicht vertrauen sollte.	1	2	3	4	5

	1	2	3	4	5
11. Der Person fällt es sehr schwer, enge Bindungen zu anderen Menschen einzugehen. Am Ende wird man ja sowieso nur enttäuscht.	1	2	3	4	5
12. Die Person hat überhaupt kein Problem damit, jemanden vor den Kopf zu stoßen, auch wenn dies dazu führt, dass es einen großen Streit gibt oder man sich gar nicht mehr sieht.	1	2	3	4	5
13. Das Motto »Das Wichtigste im Leben ist, dass man möglichst viel Spaß hat, auch wenn dies dazu führt, dass man vielleicht nicht sehr erfolgreich ist« könnte von der Person stammen.	1	2	3	4	5
14. Der Person fällt es enorm schwer, sich zu quälen und bei einer Sache zu bleiben, wenn ihr diese keinen Spaß bereitet.	1	2	3	4	5
15. Eigentlich weiß die Person, dass ihr »Lustverhalten« irgendwann zu negativen Konsequenzen führen wird. Abstellen kann sie es aber trotzdem nicht.	1	2	3	4	5
16. Die Person lebt ganz nach dem Motto »Erst die Arbeit und dann das Vergnügen« bzw. »Nur harte Arbeit zählt«.	1	2	3	4	5
17. Die Person hat überhaupt kein Problem damit, sich »zu quälen«, auch wenn sie weiß, dass sie es übertreibt. Sich so richtig »gequält zu haben«, verschafft ihr im Nachgang sogar ein Gefühl der Genugtuung.	1	2	3	4	5
18. Wenn die Person über einen gewissen, häufig nur sehr kurzen Zeitraum bloß Spaß gehabt hat und nicht vorangekommen ist, bekommt sie ein äußerst schlechtes Gewissen und handelt entsprechend.	1	2	3	4	5
19. Nicht zu wissen, wie es in einer Situation weitergeht, ist für die Person sehr unangenehm und quälend. Daher entscheidet sie schnell.	1	2	3	4	5

20. Die Person möchte bestimmen, wie etwas gemacht wird, und wenn sich da jemand einmischt, wird sie recht schnell ärgerlich.	1	2	3	4	5
21. Die Person erwartet von anderen permanent, dass sie sie regelmäßig informieren und auch nach ihrer Meinung fragen.	1	2	3	4	5
22. Der Person fällt es auch bei Kleinigkeiten sehr schwer, sich zu entscheiden, was häufig emotional quälende Zustände bei ihr auslöst.	1	2	3	4	5
23. Die Person lebt nach dem Motto »Lieber nicht festlegen. Flexibilität ist das Einzige, was zählt«.	1	2	3	4	5
24. Wenn sich die Person auf einen Weg festgelegt hat, fallen ihr tausend Dinge ein, warum sie es doch nicht hätte machen sollen, was sie wiederum stark belastet.	1	2	3	4	5
25. Die Person ist ein absoluter Perfektionist/eine absolute Perfektionistin und schadet sich auch damit.	1	2	3	4	5
26. Wenn etwas nicht logisch und stimmig ist, wird die Person sofort aktiv und geht der Sache so lange nach, bis es wieder stimmig für sie ist.	1	2	3	4	5
27. Menschen, die Aufgaben ungenau erledigen, machen die Person richtig aggressiv und sie bekommen diesen Ärger dann auch durchaus zu spüren.	1	2	3	4	5
28. Die Person lebt nach dem Chaos-Prinzip. Nichts ist aus ihrer Sicht vorhersagbar und entsprechend sollte man ihr zufolge auch im Leben agieren.	1	2	3	4	5
29. Perfektionisten, die alles bis ins kleinste Detail wissen wollen und dies von der Person einfordern, verursachen ihr nahezu körperlichen Schmerz.	1	2	3	4	5
30. Der Satz »Regeln sind dazu da, gebrochen zu werden« könnte auch von der Person stammen.	1	2	3	4	5

Auswertung

Wenn Sie den Fragebogen fertig ausgefüllt haben bzw. alle Fragebögen, die Sie verteilt haben, zurückbekommen haben, werten Sie diese bitte mithilfe der folgenden Tabelle aus.

Selbsteinschätzung

Diese Tabelle ermöglicht es Ihnen, Ihren Gesamtwert auf den 10 bedürfnisbezogenen Skalen zu bestimmen. Sie berechnen diesen, indem Sie die einzelnen Werte addieren. Wenn Sie zum Beispiel Frage 1 mit 1, Frage 2 mit 5 und Frage 3 mit 4 angekreuzt haben, ergibt sich für Sie ein Gesamtwert von 1 + 5 + 4 = 10 auf der Dimension *Selbstwert-Annäherung*. Die so ermittelten Werte liegen also immer zwischen 3 (Minimalwert, bei allen drei Aussagen wurde eine 1 angekreuzt) und 15 (Maximalwert, bei allen drei Aussagen wurde eine 5 angekreuzt).

Bedürfnisverhalten	Addieren Sie die Werte der folgenden Fragen	Gesamtwert
Selbstwert – Annäherung	1 + 2 + 3	=
Selbstwert – Vermeidung	4 + 5 + 6	=
Bindung – Annäherung	7 + 8 + 9	=
Bindung – Vermeidung	10 + 11 + 12	=
Lustgewinn – Annäherung	13 + 14 + 15	=
Lustgewinn – Vermeidung	16 + 17 + 18	=
Orientierung & Kontrolle – Annäherung	19 + 20 + 21	=
Orientierung & Kontrolle – Vermeidung	22 + 23 + 24	=
Kohärenz – Annäherung	25 + 26 + 27	=
Kohärenz – Vermeidung	28 + 29 + 30	=

Hier gehen Sie genauso vor. Werten Sie zunächst alle Fragebögen einzeln aus. Wenn Sie von fünf Personen einen Fragebogen zurückbekommen haben, erhalten Sie somit für jede der 10 Dimensionen (Selbstwert-Annäherung, Bindung-Vermeidung etc.) 5 Werte. Diese 5 Werte addieren Sie und teilen die Summe durch die Anzahl der zurückerhaltenen Fragebögen. In diesem Fall also 5. Dies ist der Mittelwert, den Sie dann mit Ihrer Selbsteinschätzung vergleichen können.

Noch ein Hinweis: Sollte einer der Feedback-Geber eine Frage ausgelassen haben, können Sie die dazugehörige Skala nicht auswerten. Die anderen aber schon, sofern dort alle Fragen zu der Dimension beantwortet wurden.

Interpretation Ihrer Ergebnisse

Sollten Sie sowohl die Selbst- als auch die Fremdeinschätzung vorgenommen haben, können Sie mit der folgenden Grafik Ihre Werte visualisieren. Tragen Sie auf den jeweiligen Skalen einfach den Wert aus Ihrer Selbsteinschätzung und den Mittelwert aus allen Fremdeinschätzungen ein. So sehen Sie auf einen Blick, auf welchen Skalen es eine hohe Übereinstimmung zwischen Ihrem Selbst- und Ihrem Fremdbild gibt. Benutzen Sie für die Ergebnisse aus Selbst- und Fremdbild idealerweise unterschiedliche Farben bzw. Symbole (z. B. einen Kreis für Ihre Werte aus dem Selbstbild und ein Kreuz für Ihre Werte aus dem Fremdbild).

Dimension	Ihre Werte												
Selbstwert – Annäherung	3	4	5	6	7	8	9	10	11	12	13	14	15
Selbstwert – Vermeidung	3	4	5	6	7	8	9	10	11	12	13	14	15
Bindung – Annäherung	3	4	5	6	7	8	9	10	11	12	13	14	15
Bindung – Vermeidung	3	4	5	6	7	8	9	10	11	12	13	14	15
Lustgewinn – Annäherung	3	4	5	6	7	8	9	10	11	12	13	14	15
Lustgewinn – Vermeidung	3	4	5	6	7	8	9	10	11	12	13	14	15
O & K – Annäherung	3	4	5	6	7	8	9	10	11	12	13	14	15
O & K – Vermeidung	3	4	5	6	7	8	9	10	11	12	13	14	15
Kohärenz – Annäherung	3	4	5	6	7	8	9	10	11	12	13	14	15
Kohärenz – Vermeidung	3	4	5	6	7	8	9	10	11	12	13	14	15

Die so ermittelten Werte geben Ihnen eine erste Einschätzung, ob Sie in Bezug auf das jeweilige Bedürfnis eher ein Annäherungs-, Vermeidungs- oder vielleicht sogar immer wieder beide Verhaltenstendenzen zeigen. Dies ist, genauso wie wir gleichzeitig die beiden Antagonisten Wärme und Kälte empfinden können, durchaus möglich.

Ihre Werte werden, wie bereits erwähnt, immer zwischen 3 und 15 liegen. Ist dies nicht der Fall, haben Sie sich verrechnet. Da in diesem Fragebogen immer extreme Verhaltensbeschreibungen gewählt wurden, bedeuten die Werte in etwa (wie gesagt, es handelt sich noch nicht um ein wissenschaftliches Instrument) Folgendes:

1. Wenn Sie einen **eher niedrigen Wert** (3-6) auf einer Dimension haben, zeigen Sie im Leben wahrscheinlich ein ausgeglichenes Verhalten (Annäherung und/oder Vermeidung) in Bezug auf dieses Grundbedürfnis.
2. Wenn Sie einen **eher hohen Wert** (12-15) auf einer Dimension haben, zeigen Sie im Leben wahrscheinlich ein extremes Verhalten (Annäherung und/oder Vermeidung) in Bezug auf dieses Grundbedürfnis.
3. Wenn Sie einen **mittleren Wert** (7-11) auf einer Dimension haben, ist Ihr Verhalten (Annäherung und/oder Vermeidung) wahrscheinlich stark von der jeweiligen Situation in Ihrem Leben abhängig.

Nun kommt der wichtigste Schritt: die Interpretation Ihrer Ergebnisse. Damit können Sie Ihre Stärken herausarbeiten und gleichzeitig Entwicklungsfelder identifizieren. Darüber hinaus helfen Ihnen die folgenden vorbereitenden Fragen, erste Lösungsansätze zu erarbeiten, wenn Sie an einzelnen Stellen in einen persönlichen Entwicklungsprozess einsteigen möchten. Ein professioneller Coach, der tatsächlich vor Ihnen sitzt, würde wahrscheinlich nichts anderes machen. Er würde Ihnen Ihre Testergebnisse zeigen und dann fragen, wie sich die Werte in Ihrem Leben bemerkbar machen und welche ersten Ideen Sie haben, um daran zu arbeiten.

Hier vier **Reflexionsfragen**, die Sie idealerweise schriftlich für sich beantworten. Sie finden weiter unten auch ein Beispiel, wie eine solche Selbstreflexion aussehen kann. (Da Sie sich ein Bedürfnis nach dem anderen vornehmen sollen, können Sie die Fragen natürlich so oft wie gewünscht wieder von vorne durchgehen.)

Frage 1: Welche Dimension möchten Sie sich jetzt genauer anschauen? Welchen Wert haben Sie dort?

Frage 2: Wie macht sich der Wert in Ihrem Leben im Positiven bemerkbar? Schildern Sie eine Beispielsituation.

Frage 3: Wie macht sich der Wert in Ihrem Leben im Negativen bemerkbar? Schildern Sie eine Beispielsituation.

Frage 4: Lesen Sie sich Ihre Antworten noch einmal in Ruhe durch. Schreiben Sie pro Wert eine und nur eine Maßnahme auf, von der Sie sagen, es wäre sinnvoll, dies in Zukunft zu tun, um sich persönlich weiterzuentwickeln.

Ein Beispiel zu den einzelnen Reflexionsfragen

> **Frage 1:** Welche Dimension möchten Sie sich jetzt genauer anschauen? Welchen Wert haben Sie dort?
> ▸ Selbstwert – Annäherung = 15(!)

> **Frage 2:** Wie macht sich der Wert in Ihrem Leben im Positiven bemerkbar? Schildern Sie eine Beispielsituation.
> ▸ Ich bin extrem ehrgeizig und auch bereit, sehr hart zu arbeiten. Ich habe es in meinem Unternehmen geschafft, ein Riesenprojekt alleine zu akquirieren und habe dadurch einen sehr hohen Bonus bekommen.

> **Frage 3:** Wie macht sich der Wert in Ihrem Leben im Negativen bemerkbar? Schildern Sie eine Beispielsituation.
> ▸ Ich glaube, dass ich Menschen mit meinem Verhalten schon enorm auf die Nerven gehe. Neulich erst hat mir eine Freundin gesagt, dass es alle nervt, dass ich nie jemanden zu Wort kommen lasse und selten richtig zuhöre. Außerdem vernachlässige ich vollkommen meine Gesundheit und meine Partnerschaft, weil ich eigentlich permanent arbeite. Die Wahrscheinlichkeit, dass ich dafür irgendwann mal die Quittung bekomme, ist aus meiner Sicht sehr hoch. Außerdem plagen mich,

obwohl ich weiß, dass ich gut bin, immer wieder viel zu große Selbstzweifel.

Frage 4: Lesen Sie sich Ihre Antworten noch einmal in Ruhe durch. Schreiben Sie pro Wert eine und nur eine Maßnahme auf, von der Sie sagen, es wäre sinnvoll, dies in Zukunft zu tun, um sich persönlich weiterzuentwickeln.

▶ Ich möchte eigentlich gerne weiter so erfolgreich sein. Auf der anderen Seite hat mich das Feedback von meiner Freundin doch sehr zum Nachdenken gebracht. Ich werde mich bei den nächsten Treffen mit meinen Freunden einfach mal mehr zurücknehmen und nicht die ganze Zeit darüber nachdenken, was ich sagen könnte. Ich will versuchen mal richtig zuzuhören.

Analyse-Tool 2:
Offene Selbstreflexion zu den fünf Grundbedürfnissen

Um die Bedeutung, die die Grundbedürfnisse für Sie haben, herauszuarbeiten, können Sie sich auch direkt ein paar Fragen dazu stellen. Sie arbeiten also nicht mit einem Fragebogen, sondern überlegen, welche Rolle das jeweilige Bedürfnis in Ihrem Leben spielt.

Sie müssen sich zwischen zwei Antworten entscheiden. Die Antwort »Nicht zu viel, nicht zu wenig« bedeutet, dass Sie aus Ihrer Sicht ein balanciertes Verhalten zeigen. Die Antwort »Eine sehr große Rolle« heißt, dass das Bedürfnis Ihr Verhalten und Erleben in sehr hohem Maße beeinflusst. Sie zeigen also wahrscheinlich ein auffallendes Annäherungs- bzw. Vermeidungsverhalten oder eben beides. Achtung: Das muss nicht zwangsläufig negativ sein! Denken Sie bitte nicht zu lange darüber nach, wo Sie das Kreuz hinsetzen, sondern folgen Sie Ihrer Intuition. Keiner kennt Sie so gut, wie Sie sich selbst kennen. Anschließend beantworten Sie bitte noch die darauffolgenden Fragen für sich.

Wenn Sie alle Grundbedürfnisse für sich analysiert haben, können Sie anhand der vorgegebenen Fragen eine Zusammenfassung machen. Für alle hier dargestellten Schritte finden Sie auf Seite 203 ff. ein Beispiel, das Sie sich gerne, bevor Sie in Ihre eigene Reflexion starten, durchlesen können.

Welche Rolle spielt das Bedürfnis nach Selbstwerterhöhung/ Selbstwertschutz in meinem Leben?

Eine sehr große Rolle	Nicht zu viel, nicht zu wenig
☐	☐

1. Wie komme ich zu dieser Einschätzung?
2. Wie macht sich diese Einschätzung positiv in meinem Leben bemerkbar?
3. Wie macht sich diese Einschätzung negativ in meinem Leben bemerkbar?
4. Warum bin ich eigentlich so geworden? Was ist passiert, dass ich so geworden bin?

Welche Rolle spielt das Bedürfnis nach Kontrolle und Orientierung in meinem Leben?

Eine sehr große Rolle	Nicht zu viel, nicht zu wenig
☐	☐

1. Wie komme ich zu dieser Einschätzung?
2. Wie macht sich diese Einschätzung positiv in meinem Leben bemerkbar?

3. Wie macht sich diese Einschätzung negativ in meinem Leben bemerkbar?
4. Warum bin ich eigentlich so geworden? Was ist passiert, dass ich so geworden bin?

Welche Rolle spielt das Bedürfnis nach Lustgewinn und Unlustvermeidung in meinem Leben?

Eine sehr große Rolle	Nicht zu viel, nicht zu wenig
☐	☐

1. Wie komme ich zu dieser Einschätzung?
2. Wie macht sich diese Einschätzung positiv in meinem Leben bemerkbar?
3. Wie macht sich diese Einschätzung negativ in meinem Leben bemerkbar?
4. Warum bin ich eigentlich so geworden? Was ist passiert, dass ich so geworden bin?

Welche Rolle spielt das Bedürfnis nach Bindung in meinem Leben?

Eine sehr große Rolle	Nicht zu viel, nicht zu wenig
☐	☐

1. Wie komme ich zu dieser Einschätzung?
2. Wie macht sich diese Einschätzung positiv in meinem Leben bemerkbar?
3. Wie macht sich diese Einschätzung negativ in meinem Leben bemerkbar?
4. Warum bin ich eigentlich so geworden? Was ist passiert, dass ich so geworden bin?

Welche Rolle spielt das Bedürfnis nach Kohärenz, Stimmigkeit und Sinn in meinem Leben?

Eine sehr große Rolle	Nicht zu viel, nicht zu wenig
☐	☐

1. Wie komme ich zu dieser Einschätzung?
2. Wie macht sich diese Einschätzung positiv in meinem Leben bemerkbar?
3. Wie macht sich diese Einschätzung negativ in meinem Leben bemerkbar?
4. Warum bin ich eigentlich so geworden? Was ist passiert, dass ich so geworden bin?

Zusammenfassung:
Wenn Sie all diese Fragen beantwortet haben, schreiben Sie bitte noch die Antworten auf die folgenden Fragen nieder:

- **Frage 1:** Was habe ich gerade über mich gelernt?
- **Frage 2:** Welche Zusammenhänge gibt es zwischen den einzelnen Einschätzungen und meinen Kommentaren dazu?
- **Frage 3:** Inwiefern ergibt sich daraus für mich ein rundes, stimmiges und kohärentes Bild?
- **Frage 4:** Wo ist das Bild noch nicht rund und wer könnte mich dabei unterstützen, hier mehr Klarheit zu bekommen?
- **Frage 5:** Was fällt mir schon jetzt ein, das ich tun kann, um mich auf der Basis dieser Analyse persönlich weiterzuentwickeln?

Ein Beispiel zur direkten Selbstreflexion

Um Ihnen die Ergebnisse, die eine solche Selbstreflexion hervorbringen kann, zu verdeutlichen, finden Sie hier ein mögliches Szenario.

Welche Rolle spielt das Bedürfnis nach Selbstwerterhöhung/ Selbstwertschutz in meinem Leben?

Eine sehr große Rolle	Nicht zu viel, nicht zu wenig
☒	☐

Wie komme ich zu dieser Einschätzung?
Ich habe grundsätzlich ein Minderwertigkeitsgefühl, das mich immer wieder stark durch den Tag und mein Leben begleitet. Ich zweifle sehr häufig zu sehr an meinen Fähigkeiten.

Wie macht sich diese Einschätzung im Positiven bemerkbar?
Ich bin sehr ehrgeizig und dadurch auch sehr erfolgreich.

Wie macht sich diese Einschätzung im Negativen bemerkbar?
Ich habe viel zu viele Selbstzweifel und bin häufig wie ein Getriebener, der ständig nach neuen Herausforderungen sucht.

Warum bin ich eigentlich so geworden? Was ist passiert, dass ich so geworden bin?
Als Kind und Jugendlicher wurde ich gehänselt, weil ich kleiner und dicker war als die anderen.

Welche Rolle spielt das Bedürfnis nach Kontrolle und Orientierung in meinem Leben?

Eine sehr große Rolle	Nicht zu viel, nicht zu wenig
☐	☒

Wie komme ich zu dieser Einschätzung?
Ich habe die Kontrolle über mein Leben, entscheide gerne, kann aber auch ganz gut andere Entscheidungen treffen lassen.

Wie macht sich diese Einschätzung im Positiven bemerkbar?
Ich habe das Gefühl, das meiste im Griff zu haben.

Wie macht sich diese Einschätzung im Negativen bemerkbar?
An der einen oder anderen Stelle denke ich schon, dass ich noch mehr Kontrolle haben könnte. Dies bezieht sich insbesondere auf die Zukunft und meine Altersvorsorge. Hier habe ich derzeit kein Konzept und weiß nicht, wohin mich dies führen wird.

Warum bin ich eigentlich so geworden? Was ist passiert, dass ich so geworden bin?
Ich musste schon früh selbst Verantwortung übernehmen, da meine Eltern viel gearbeitet haben und selten zu Hause waren.

Welche Rolle spielt das Bedürfnis nach Lustgewinn und Unlustvermeidung in meinem Leben?

Eine sehr große Rolle	Nicht zu viel, nicht zu wenig
☒	☐

Wie komme ich zu dieser Einschätzung?
Ich kann mich enorm gut quälen, wenn es sein muss, und lasse

mich anschließend immer wieder auch gehen. Quasi als Kompensation. Ich trinke und rauche dann zu viel. Gleichzeitig habe ich momentan außer meinen Verpflichtungen in Richtung Arbeit und Familie kaum etwas, das mir wirklich Spaß macht.

Wie macht sich diese Einschätzung im Positiven bemerkbar?
Ich bin erfolgreich, gehe die Themen, die anstehen, an.

Wie macht sich diese Einschätzung im Negativen bemerkbar?
Ich habe manchmal das Gefühl, etwas zu verpassen. Bin immer in Alarmbereitschaft, ob es nicht doch noch etwas für die Arbeit zu tun gibt.

Warum bin ich eigentlich so geworden? Was ist passiert, dass ich so geworden bin?
Ich komme aus einer Familie, in der es ein wichtiger Wert ist, hart zu arbeiten. Das habe ich mit der Muttermilch aufgesogen und es fällt mir nicht leicht, nicht das Maximum aus allem herauszuholen und zu versuchen, alles möglichst effizient zu erledigen.

Welche Rolle spielt das Bedürfnis nach Bindung in meinem Leben?

Eine sehr große Rolle	Nicht zu viel, nicht zu wenig
☒	☐

Wie komme ich zu dieser Einschätzung?
Ich habe immer recht schwierige Beziehungen zu meinen Freunden gehabt und war viele Jahre am Stück Single.

Wie macht sich diese Einschätzung im Positiven bemerkbar?
Ich habe die Flinte nicht ins Korn geworfen und habe jetzt ei-

nen wunderbaren Freund und eine süße kleine Tochter. Und das trotz der bekannten »Schwierigkeiten«.

Wie macht sich diese Einschätzung im Negativen bemerkbar?
Ich kann sehr aggressiv auf Kritik und Respektlosigkeit reagieren und nehme sie dann sehr persönlich. Gleichzeitig bin ich sehr abhängig von der Stimmung meines Freundes. Wenn er nicht gut drauf ist, bin ich es auch nicht und es belastet mich sehr. Ich mache dann gleichzeitig ihm und mir Vorwürfe und suche immer nach einem Schuldigen.

Warum bin ich eigentlich so geworden? Was ist passiert, dass ich so geworden bin?
Ich denke, das kommt von ganz früher. Meine Eltern waren wegen ihrer Arbeit schon sehr früh wenig für mich da. Da hat es mir wohl an einer verlässlichen Bindung gefehlt.

Welche Rolle spielt das Bedürfnis nach Kohärenz, Stimmigkeit und Sinn in meinem Leben?

Eine sehr große Rolle	Nicht zu viel, nicht zu wenig
☐	☒

Wie komme ich zu dieser Einschätzung?
Ich denke, ich habe ein gutes Maß im Bereich Perfektionismus gefunden. Ich kann Dinge auch mal sein lassen, wenn ich glaube, dass es ausreicht. Ich habe mit diesem Vorgehen gute Erfahrungen gemacht. Ich habe mich da schon gut weiterentwickelt, denn früher war ich deutlich perfektionistischer.

Wie macht sich diese Einschätzung im Positiven bemerkbar?
Ich bekomme auf meine Arbeit sehr gute Feedbacks, obwohl

ich häufig den Eindruck habe, nicht präzise genug gearbeitet zu haben, noch mehr hätte machen können.

Wie macht sich diese Einschätzung im Negativen bemerkbar?
Da fällt mir nichts ein.

Warum bin ich eigentlich so geworden? Was ist passiert, dass ich so geworden bin?
Ich glaube, dass ich eine Mischung aus meinem Vater und meiner Mutter bin. Mein Vater kann auch mal fünf gerade sein lassen, während meine Mutter eine absolute Perfektionistin ist.

Zusammenfassung:

Frage 1: Was habe ich gerade über mich gelernt?

Es gibt drei Bereiche, die eine große Bedeutung für mich haben: Bindung, Lustgewinn und Selbstwert. In zwei Bereichen bin ich »gut« unterwegs, nämlich was Kontrolle und Orientierung sowie Kohärenz anbelangt. Das einzige Manko, das ich hier sehe, ist, dass ich mich nicht genug um mein Alter, meine Rente kümmere. Hier mehr Sicherheit zu haben, würde mir wohl sehr guttun und hätte vielleicht auch einen positiven Einfluss auf die anderen Bereiche. Insbesondere auf das Bedürfnis nach Lustgewinn, das ich aufgrund meiner Arbeitswut vernachlässige. Eventuell würde ich weniger arbeiten, wenn ich wüsste, wie viel ich brauche, um meine Rente zu sichern.

Frage 2: Welche Zusammenhänge gibt es zwischen den einzelnen Einschätzungen?

Wahrscheinlich ist der Bindungsbereich zentral. Meine Eltern hatten in meiner Kindheit nicht viel Zeit für mich und da habe ich angefangen, mich selbst kleiner zu machen, als ich bin. Außerdem habe ich mit Essen stark kompensiert. Dadurch bin ich dick geworden und in der Schule gehänselt worden. Auch aufgrund meiner Körpergröße. Essen ist eine Ersatzbefriedigung geworden, wenn es mir mal nicht gut ging. Ich habe irgendwann aus eigenem Antrieb abgenommen. Da habe ich gelernt, wie sehr man sich quälen kann und was das für positive Effekte haben kann. Schon bald habe ich Anerkennung erhalten (»Du siehst ja toll aus«). Dies alles hat dazu geführt, wie ich heute bin. Ich habe aber dieses Thema »sich quälen« beibehalten und dies führt immer noch dazu, dass ich im Bereich Lust kompensiere.

Frage 3: Inwiefern ergibt sich daraus für mich ein rundes und stimmiges Bild?

Ich finde es sehr stimmig, da ich jetzt sehr viele Dinge klarer sehe. Eigene Verhaltensweisen, die mir an mir bisher selbst merkwürdig erschienen, kann ich nun viel besser nachvollziehen.

Frage 4: Wo ist das Bild noch nicht rund und wer könnte mich dabei unterstützen, hier mehr Klarheit zu bekommen?

Es ist absolut rund. Runder geht es eigentlich nicht. Hier besteht für mich kein Klärungsbedarf.

Frage 5: Was fällt mir spontan ein, das ich für meine persönliche Entwicklung tun kann?

Kontrolle und Orientierung bekommen, indem ich mich in Sachen Altersvorsorge beraten lasse (Was habe ich? Was brauche ich? Was reicht?). Raus aus dem Denken »immer das Maximum aus allem herausholen!«.

Kohärenz: Wenn ich Kontrolle und Orientierung habe, kann ich entscheiden, wie viel ich wirklich arbeiten will. Ziel sollte es sein, genügend Geld zu verdienen, um ein schönes Leben zu führen, und gleichzeitig auch nicht mehr so hart zu arbeiten, wie ich es tue.

Lustgewinn: Dinge identifizieren, die mir neben der Arbeit und der Familie Spaß machen, und anfangen, das zu tun. Kein schlechtes Gewissen dabei haben.

Selbstwert: Mir selbst immer wieder bewusst machen, dass ich o.k. bin, und entsprechend weniger an mir zweifeln. Ein Misserfolg muss auch mal erlaubt sein.

Bindung: Die Beziehung zu meinem Mann läuft gerade etwas unrund. Das sollten wir einmal besprechen und Änderungen vornehmen (z. B. wieder mehr kuscheln, Zeit zu zweit verbringen). Gleichzeitig mich von Unstimmigkeiten in der Beziehung nicht so runterziehen lassen. Es hat nicht unbedingt was mit einem selbst zu tun, wenn der andere mal schlechte Laune hat.

Analyse-Tool 3:
Die Komfortzone verlassen

Wie weiter vorne geschildert, lassen Emotionen wie Angst, Ärger, Schuld etc. bei wiederholter Konfrontation mit der Situation, die sie hervorrufen, irgendwann nach oder treten gar nicht mehr auf. Bei dieser Übung sind Sie dazu eingeladen, sich diesen Effekt bewusst zunutze zu machen. Bitte folgen Sie den hier beschriebenen 5 Schritten:

Schritt 1: Notieren Sie sich private und/oder berufsbezogene Situationen, die Sie derzeit immer oder häufig vermeiden (z. B. eine Präsentation halten, Pausen machen) oder aber suchen (z. B. immer produktiv sein wollen, alles kontrollieren wollen). Von einer Veränderung sollten Sie sich einen positiven Effekt versprechen. Sollte es Ihnen schwerfallen, Situationen zu finden, gehen Sie noch einmal Ihre Ergebnisse zu Tool 1 und

Tool 2 durch. Die sollten Ihnen entsprechende Anhaltspunkte geben.

Schritt 2: Bewerten Sie nun die Situationen (es sollten erst einmal nicht mehr als zehn sein) dahingehend, wie schwer es Ihnen derzeit fällt, diese aufzusuchen bzw. ihr diesbezügliches Verhalten zu ändern. Die Skala reicht von 1 (eher leicht) bis 10 (äußerst schwer).

Schritt 3: Überlegen Sie, auf welches der fünf psychologischen Grundbedürfnisse sich diese Verhaltensweise bezieht. Es können auch mehrere sein und vielleicht fällt Ihnen auch mal kein passendes Grundbedürfnis ein. Das ist o.k. Lassen Sie das Feld dann einfach frei. Es geht bei diesem Schritt lediglich darum zu beobachten, ob es eine Häufung bei einigen Grundbedürfnissen gibt. Dies ist bei vielen Menschen der Fall.

Schritt 1 Situationen sammeln	Schritt 2 Situationen bewerten (1 = eher leicht bis 10 = sehr schwer)	Schritt 3 Zusammenhang zu den 5 Grundbedürfnissen
1.		
2.		
3.		
4.		
5.		
6.		
7.		
8.		
9.		
10.		

Schritt 4: Bitte erstellen Sie nun eine Reihenfolge. Ganz oben sollte die schwierigste Situation stehen und ganz unten die Situation bzw. Verhaltensweise, die Ihnen am leichtesten fällt.

Schritt 5: Nun geht es an die Umsetzung. Nehmen Sie sich in den nächsten Wochen jeweils eine Situation vor und ändern Sie Ihre diesbezügliche Verhaltensweise. Tun Sie dies so lange, bis Sie das Gefühl haben, dass Sie die Situation relativ gelassen bewältigen können. Sie können mit der für Sie leichtesten Situation beginnen und sich langsam nach oben arbeiten oder aber mit der zweit- oder drittschwersten beginnen und sich dann den anderen zuwenden. Vorteil der zweiten Vorgehensweise ist, dass man nach der Bewältigung sehr herausfordernder Situationen die anderen meist als leicht empfindet.

Im Folgenden finden Sie ein Beispiel einer solchen Analyse.

Ein Beispiel für das Verlassen der Komfortzone

Situationen sammeln und beurteilen:
Für die Schritte 1 bis 3 sind nur 10 Zeilen vorgesehen, da Sie sich nicht zu viel auf einmal vornehmen sollten.

Schritt 1 Situationen sammeln	Schritt 2 Situationen bewerten (1 = eher leicht bis 10 = sehr schwer)	Schritt 3 Zusammenhang zu den 5 Grundbedürfnissen
1. Mir fällt es sehr schwer, eine Präsentation zu halten.	8	Selbstwert/Kontrolle
2. Ich muss meine Altersvorsorge in Angriff nehmen.	3	Orientierung & Kontrolle
3. Ich traue mich nicht, unsere Eheprobleme anzusprechen.	5	Bindung

4. Ich habe kein Hobby mehr. Kümmere mich nur um die Arbeit und Familie.	5	Lustgewinn/ Selbstwert
5. Ich kann keine Pausen machen, muss immer produktiv sein.	2	Selbstwert
6. Ungenauigkeit bei der Arbeit kann ich nicht tolerieren.	6	Kohärenz
7. Ich kann nicht alleine essen gehen (Menschen denken dann ggf. schlecht von mir)	9	Selbstwert
8.		
9.		
10.		

Eine Rangreihe bilden:

Bringen Sie nun die Situationen in eine Reihenfolge. Ganz oben sollte die für Sie schwierigste und ganz unten die für Sie leichteste Situation stehen.

Schritt 4	Schwierigkeit
1. Alleine essen gehen	9
2. Präsentationen halten	8
3. Ungenauigkeiten, die nicht »kriegsentscheidend« sind, tolerieren	6
4. Eheprobleme ansprechen	5
5. Einem Hobby nachgehen	5

6. Meine Altersvorsorge planen	3
7. Pausen machen	2
8.	
9.	
10.	

Planen:

Was möchten Sie konkret in den nächsten Wochen angehen?
Folgen Sie dabei den zwei folgenden Fragen und schreiben Sie
alles auf. Sie können die Maßnahmen, für die Sie sich entscheiden, auch in einer Tabelle zusammenfassen.

Frage 1: Was fällt mir nach der Analyse insgesamt auf?
▶ Die Situationen, die ich notiert habe, beziehen sich vor allem
auf das Thema Selbstwert. Das hätte ich so gar nicht gedacht,
und es springt geradezu ins Auge. Die Themen Orientierung
und Kontrolle sowie Kohärenz scheinen mir auch wichtig zu
sein.

Frage 2: Was plane ich in den nächsten Wochen zu tun?
▶ Ich fange mal lieber mit Sachen an, die mir nicht so schwerfallen. Ich werde jetzt endlich mal den schon lange geplan-
ten Termin mit einem befreundeten Vermögensberater vereinbaren und meine finanzielle Zukunft genauer planen.
Das wird mir Sicherheit geben. Ebenso scheint es mir gar
nicht so schwer, häufiger Pausen zu machen. Ich gehe schon
seit Jahren nicht mehr mit den Kollegen mittags essen und
das ändere ich ab sofort. Danach nehme ich mir die etwas
schwereren Sachen vor. Als Erstes möchte ich mal ein klä-
rendes Gespräch mit meiner Frau führen. Außerdem will
ich bewusster auf meinen Ärger achten, wenn einer meiner

Mitarbeiter mal wieder die Arbeit nicht so perfekt erledigt hat, wie ich es eigentlich erwarte. Alles andere gehe ich lieber zu einem späteren Zeitpunkt an, sonst wird es zu viel.

Zusammenfassung:

Schritt 5 Konkrete Maßnahmen planen
1. Termin mit Vermögensberater vereinbaren und finanzielle Zukunft planen.
2. Mindestens zweimal die Woche mit Kollegen mittags essen und Termine entsprechend im Kalender blocken.
3. »Termin« mit meiner Frau machen und mal in Ruhe über unsere Beziehung sprechen (Was läuft gerade gut, was nicht?).
4. Bewusster auf meinen Ärger achten, wenn ein Job nicht perfekt ist. Diesen nicht gleich zeigen. Reflektieren, ob das wirklich so schlimm ist, und entsprechend reagieren. Ziel: herausfinden, wann 90 % auch mal o.k. sind.
5. Alles andere fange ich an, wenn ich in diesen vier Bereichen einen Schritt vorangekommen bin.
6.
7.
8.
9.
10.

Analyse-Tool 4:
Emotionen und Gedanken interessiert wahrnehmen

Das MBSR-Training

In dem Trainingsprogramm MBSR (Mindfulness Based Stress Reduction) werden in achtwöchigen Kursen (ein Dreistundentermin pro Woche) unterschiedliche Methoden zur Achtsamkeitsmeditation vermittelt. Dazu gehören die Atemmeditation, der Bodyscan und die Gehmeditation. Zwischen den einzelnen Kursen sind die Teilnehmer dazu angehalten, täglich die neu erlernte Methode anzuwenden. MBSR-Kurse werden mittlerweile deutschlandweit angeboten und häufig auch von den Krankenkassen bezahlt. Ziel aller Übungen ist es, seine Konzentration auf das zu richten, was geschieht, und (wichtig!) *wertfrei, interessiert und neugierig* wahrzunehmen, was gerade, je nach Aufmerksamkeitsfokus, in oder um einen herum abläuft. Es geht um das »wertfreie Sein im Hier und Jetzt«. Wenn man während dieser Übungen, wie die meisten, von seinen Gedanken (der Nachrichtenticker in unserem Kopf) abgelenkt wird, ist es das Ziel, dies wertfrei wahrzunehmen und seinen Fokus wieder auf das zu richten, worauf man gerade geachtet hat. Also zum Beispiel den Atem. Man soll sich also nicht den Vorwurf machen, die Übung aus seiner persönlichen Sicht nicht »gut« durchzuführen.

Wir sind mit unseren Gedanken häufig woanders und nicht da, wo wir körperlich gerade sind. Wir sprechen mit einem Kunden und denken an den nächsten Termin, wir spielen mit unseren Kindern und denken an die Arbeit, wir stehen am U-Bahnhof und sind im World-Wide-Web. Diese zutiefst menschliche Fähigkeit hat große Vorteile, denn so können wir uns beispielsweise gedanklich auf zukünftige Gefahren vorbereiten. Wie gehe ich mit einem Einwand während der morgigen Vorstandspräsentation um? Was kann ich tun, wenn das Auto auf der anstehenden Urlaubsreise plötzlich liegenbleibt? Ebenso ermöglicht sie uns, uns auf etwas Künftiges zu freuen. Vorfreude ist ja bekanntermaßen die schönste Freude. Tiere, auch sehr kleine Kinder, leben nur im Hier und Jetzt.

Viele Menschen aber macht diese Fähigkeit müde, sogar sehr müde. Unser Hirn arbeitet permanent weiter, es wird mit Informationen (Fernseher, Smartphones, Radio) überflutet. Wir liegen abends im Bett und sollten eigentlich schlafen, lesen aber noch einmal unsere beruflichen Mails. Statt unserem Gehirn endlich mal Ruhe zu gönnen, geht die Arbeit weiter. Gedanklich abzuschweifen, macht uns ineffektiv. Zum Beispiel dann, wenn wir an einer Aufgabe sitzen, die uns vielleicht nicht so viel Spaß macht, und wir ständig durch eingehende Mails abgelenkt werden (von denen wir uns übrigens oft auch gerne ablenken lassen). Wieder ein Arbeitstag rum, an dem wir nicht das geschafft haben, was wir uns so fest vorgenommen hatten. Entsprechend empfinden wir Frustration (mangelnde Ressourcen). Deshalb arbeiten wir dann auch gedanklich zu Hause weiter, denn das wichtige Konzept, das wir bald abgeben müssen, ist immer noch nicht fertig. Es droht also eine Gefahr, wir haben Angst.

Achtsamkeit (Mindfulness) ist mehr als eine Methode, es ist eine Haltung. Wir entscheiden uns, jeden Tag Dinge in einer achtsamen Art und Weise zu tun. Sei es, beruflich konzentriert eine Stunde an dem Konzept zu arbeiten oder während eines Gespräches *wirklich* beim Mitarbeiter, dem Kunden, dem Kollegen zu sein und ihm *wirklich* zuzuhören. Sei es, *wirklich* im Urlaub bei unserer Familie zu sein oder *wirklich* unserem geliebten Hobby nachzugehen. Wer Achtsamkeit praktiziert, erlebt echte Erholung und er wird auch effektiver und emotional intelligenter.

Täglich achtsamer zu sein, fördert in hohem Maße diese Fähigkeit. Die Literatur um das Thema Achtsamkeitsmeditation ist in den letzten Jahren förmlich explodiert, was vor allem daran liegt, dass die Hoffnungen sehr groß sind, mit dieser Methode zumindest eine Antwort auf die durch gestiegene Komplexität und Dynamik hervorgerufenen Probleme gefunden zu haben. Und die wissenschaftlichen Ergebnisse sind äußerst ermutigend. So zeigt die Forschung, dass regelmäßig durchgeführte Achtsamkeitsübungen folgende positiven Effekte haben:

Sie
1. steigern die Konzentrationsfähigkeit
2. halten die Gehirnalterung auf
3. stärken unser Immunsystem
4. verbessern die Fähigkeit, unsere ersten Impulse zu steuern
5. stärken die Willenskraft
6. verringern die Schmerzempfindlichkeit
7. erhöhen die Empathie und die Fähigkeit, Mitgefühl zu empfinden
8. verringern Angst
9. verringern das subjektive Stressempfinden
10. verbessern depressive Stimmungen

Insbesondere die letzten vier Punkte zeigen Ihnen, warum diese Methode im Konzept des Emotional Leading von so großer Bedeutung ist. Dadurch, dass wir lernen, unsere eigenen Emotionen erst einmal wertfrei und als interessierter Beobachter wahrzunehmen, vergrößern wir unsere Chance und die Zeitspanne zu erfahren, was uns die Emotion sagen will, wie angemessen sie ist und was wir nun mit ihr machen. Nicht, um zu einem rein vernunftgesteuerten und sich ständig selbst beobachtenden Wesen zu werden, sondern um in der Lage zu sein, selbst zu entscheiden, ob wir unserer Emotion folgen oder nicht.

Habe ich es geschafft, Sie neugierig zu machen? Haben Sie die wissenschaftlichen Ergebnisse ins Grübeln gebracht? Wenn ja, besuchen Sie einen MBSR-Kurs, lesen Sie das sehr gute Buch ›Meditation für Skeptiker‹ von Ulrich Ott oder starten Sie einfach mit der folgenden Übung.

Die Holzbrücke

In dieser Übung geht es um die Erfahrung, Emotionen wertfrei wahrzunehmen. Es wird Ihnen nicht gleich beim ersten Mal gelingen, das macht aber nichts. Stellen Sie sich eine reale Situation vor, in der Sie starke negative und/oder positive Emotionen erlebt haben. Unser Gehirn unterscheidet nicht, ob wir wirklich in der Situation sind oder nur imaginiert, und so wird es automatisch die Emotion auslösen. Sie erleben diesen Effekt tagtäglich, wenn Sie z. B. an einen bevorstehenden Urlaub denken und Freude empfinden oder Angst beim Gedanken an beruflichen Druck.

Ich möchte diese Übung so angenehm wie möglich für Sie gestalten und so ist meine Bitte an Sie, an eine sehr positive Situation zu denken. Wer auch an eine emotional negative Situation denken möchte, sollte mit dieser starten und sich gleich danach gedanklich in die positive Situation begeben und damit die Übung beenden. Ich möchte nämlich nicht, dass Sie die negativen Emotionen mit in Ihr Hier und Jetzt nehmen. Da haben sie nämlich nichts mehr verloren. Die Situation ist vorbei.

Instruktion:
- Geben Sie der positiven (und negativen, wenn Sie wollen) Situation einen kurzen Titel und schreiben Sie diesen auf ein Blatt Papier. Solche Situationen können eine Geburt, berufliche Erfolge, ein toller Sonnenuntergang etc. sein.
- Nehmen Sie eine aufrechte und bequeme Position auf einem Stuhl ein, schließen Sie die Augen und atmen Sie drei

bis fünf Mal ganz tief ein und aus. Spüren Sie dabei, wie sich Ihr Brustkorb hebt und senkt und bei jedem Ausatmen die Anspannung des Tages aus Ihrem Körper weicht.

- Achten Sie nun drei bis fünf Minuten ganz bewusst auf Ihren Atem. Sie können beispielsweise den Fokus auf Ihre Bauchdecke richten und spüren, wie sich diese hebt und senkt. Sie können auch auf Ihre Nasenflügel achten und spüren, wie die Luft beim Einatmen kalt Ihre Nasenflügel streichelt und warm beim Ausatmen. Sie können auch bei jedem Einatmen »Ein« und bei jedem Ausatmen »Aus« denken. Dies hilft vielen Menschen, gerade am Anfang, das Gedankenkarussell abzustellen.

- Wenn Sie das Gefühl haben, dass etwas Entspannung eingetreten ist, denken Sie bitte an das positive Ereignis, das Sie sich aufgeschrieben haben. Stellen Sie es sich möglichst bildlich vor. Welche Geräusche gibt es? Welche anderen Menschen? Welche Gerüche? Was spüren Sie auf Ihrer Haut? Vielleicht einen Windhauch? Kälte? Wärme?

- Nun werden Sie wahrscheinlich anfangen, auch die Emotionen zu empfinden, die Sie damals gespürt haben. Die Freude, Erleichterung und das Glück, als Sie zum ersten Mal in das Gesicht Ihres gerade geborenen Kindes geblickt haben. Oder vielleicht den Stolz, nachdem Sie Ihre Ausbildung als Jahrgangsbester abgeschlossen hatten und Ihnen vor allen anderen Absolventen die Urkunde überreicht wurde. Nehmen Sie diese Emotionen voll und ganz wahr und baden Sie ruhig ein wenig in ihnen. Wie fühlen sich Glück, Stolz, Liebe, Freude, Demut, Respekt etc. eigentlich an? Wo spüren Sie etwas? Im Bauch? Im Gesicht? Gänsehaut?

- Nun kommt etwas Außergewöhnliches, das die meisten wahrscheinlich zwingen wird, ihre Komfortzone zu verlassen. Aber keine Angst, es tut nicht weh. Stellen Sie sich vor, Sie stehen in einem kleinen, schnell fließenden Fluss und das Wasser, das an Ihnen vorbeiströmt, sind Ihre Emotionen, die Sie gerade empfinden. Es sind die Emotionen, in denen Sie gerade baden. Nun steigen Sie aus dem Wasser heraus und gehen auf die kleine Holzbrücke gleich hinter Ihnen. Stellen Sie sich auf diese, schauen Sie nach unten und beobachten Sie das Wasser und Ihre Emotionen aus der Distanz, neugierig und wertfrei. Welche Gedanken gehen Ihnen dazu durch den Kopf? Spüren Sie die Emotionen immer noch in sich? Hat sich etwas verändert?

- All dies hat nun drei bis fünf Minuten gedauert. Wenn es Ihnen reicht, bringen Sie Ihre Aufmerksamkeit wieder für ein bis zwei Minuten zurück zu Ihrem Atem, so wie es weiter oben bereits beschrieben wurde. Richten Sie dann den Fokus, immer noch mit geschlossenen Augen, auf die Welt um Sie herum. In welchem Raum sitzen Sie? Wie sieht es um Sie herum aus? Sehen Sie sich selbst in diesem Raum auf dem Stuhl sitzen? Wenn Sie das Gefühl haben, so weit zu sein, öffnen Sie langsam die Augen, schauen Sie sich noch ein wenig im Raum um und beenden Sie dann die Übung.

Anmerkung für diejenigen, die sich zunächst ein negatives Ereignis vorstellen möchten: Sie gehen wie gerade beschrieben vor. Bevor Sie jedoch zum positiven Ereignis wechseln, machen Sie bitte eine Faust und packen Sie in diese alle negativen Emotionen, die Sie noch verspüren. Wenn alle darin sind, öffnen Sie die Faust, entspannen Sie kurz Ihre Hand und stellen Sie sich dabei vor, wie dabei alle negativen Emotionen entweichen. Sie werden sich wundern, wie gut diese kleine Visualisierung funktioniert. Dann erst imaginieren Sie bitte die positive Situation.

Die hier geschilderte Übung ist eine von vielen möglichen, um zu lernen, Emotionen bewusster und aus einer interessierten, erst einmal wertfreien Distanz wahrzunehmen. Sie kommen durch sie eher in eine Haltung, in der Sie sich sagen »Aha, spannend, ich bin wütend«, statt sich von den Emotionen mitreißen zu lassen.

Analyse-Tool 5:
Der Bedürfnis-Check-up

Ebenso wie Sie in regelmäßigen Abständen zum Arzt gehen können, um Ihre Gesundheit überprüfen zu lassen, können Sie auch in regelmäßigen Abständen einen Bedürfnis-Check-up machen. Wenn es dafür keinen besonderen Anlass gibt, empfehle ich Ihnen einen Zeitraum von sechs Monaten bis einem Jahr. Und/oder Sie machen ihn, wenn Sie seit Längerem in einem für Sie emotional unangenehmen Zustand sind.

Folgen Sie einfach den Fragen weiter unten und schreiben Sie sich Ihre Antworten auf. Bewahren Sie die ausgefüllten Blätter in jedem Fall auf. Wenn Sie den Check-up mehrmals durchgeführt haben, werden Ihnen vielleicht Themen auffallen, die immer wiederkehren. Dies kann ein Zeichen dafür sein, dass Sie einmal grundsätzlich über das angesprochene Bedürfnis und Ihre Einstellungen dazu sowie Ihre Verhaltensweisen nachdenken sollten.

Bedürfnis-Check-up

Datum _____

Status quo
Wie ist es mir in den letzten zwei bis drei Wochen ergangen? Welche Emotionen habe ich zentral erlebt und was sind die Themen hinter diesen Gefühlen (Tabellen Seite 70 f.)?

Orientierung und Kontrolle

Wie gut wird mein Bedürfnis nach Orientierung und Kontrolle derzeit (von außen und von mir selbst) befriedigt? Woran mache ich diese Einschätzung fest?

Lustgewinn und Unlustvermeidung

Wie gut wird mein Bedürfnis nach Lustgewinn und Unlustvermeidung derzeit (von außen und von mir selbst) befriedigt? Woran mache ich diese Einschätzung fest?

Selbstwerterhöhung und Selbstwertschutz

Wie gut wird mein Bedürfnis nach Selbstwerterhöhung und Selbstwertschutz derzeit (von außen und von mir selbst) befriedigt? Woran mache ich diese Einschätzung fest?

Bindung

Wie gut wird mein Bedürfnis nach Bindung derzeit (von außen und von mir selbst) befriedigt? Woran mache ich diese Einschätzung fest?

Kohärenz, Stimmigkeit und Sinn

Wie gut wird mein Bedürfnis nach Kohärenz, Stimmigkeit und Sinn derzeit (von außen und von mir selbst) befriedigt? Woran mache ich diese Einschätzung fest?

Zusammenfassung

Muss ich überhaupt etwas an meiner Situation ändern oder ist vielleicht gerade alles so, wie ich es mir wünsche? Im Falle eines Nein: Welche drei (bitte nicht mehr) Maßnahmen sollte ich in Angriff nehmen, um eine bessere Bedürfnisbefriedigung und somit ein besseres Wohlbefinden zu erzielen?

Analyse-Tool 6:
Allgemeines bedürfnisbezogenes Verhalten

Es gibt einige Verhaltensweisen, von denen wir wissen, dass sie einen positiven Einfluss auf die psychologischen Grundbedürfnisse haben (siehe Aufstellung auf Seite 128 f.). Bitte beachten Sie, dass diese Liste nicht erschöpfend ist. Jeder Mensch muss auf der Basis seiner Ziele, Vorlieben und seiner aktuellen Lebenssituation selbst entscheiden, welche Maßnahmen er ergreift, um seine psychologischen Grundbedürfnisse zu »bedienen«. Die sogenannten motivationalen Ziele, die ein Mensch diesbezüglich wählen kann, sind wahrscheinlich so zahlreich wie die Menschen auf der Erde. Der eine bestellt sich in einem französischen Restaurant eine riesige Portion Weinbergschnecken, um sein Bedürfnis nach Lustgewinn zu befriedigen, während ein anderer sich Zeit nimmt, mal ganz in Ruhe zwei Stunden zu meditieren. Beide können das Lustverhalten des anderen überhaupt nicht verstehen, aber das müssen sie auch nicht. Für den einen ist das motivationale Ziel Weinbergschnecken mit Kräuterbutter, für den anderen eben eine Achtsamkeitsübung.

Fragebogen zum allgemeinen bedürfnisbezogenen Verhalten

Bitte beurteilen Sie die folgenden Aussagen dahingehend, wie gut diese auf Sie zutreffen. Benutzen Sie dazu folgende Skala:

1 = trifft gar nicht auf mich zu
2 = trifft eher nicht auf mich zu
3 = trifft manchmal auf mich zu
4 = trifft eher auf mich zu
5 = trifft genau auf mich zu

Versuchen Sie die Aussagen möglichst spontan zu beurteilen und sich so zu beschreiben, wie Sie wirklich sind, und nicht wie Sie sein wollen oder denken sein zu müssen. Nur so können Sie valide Ergebnisse erzielen. Denken Sie dabei auch daran, dass ein hoher oder niedriger Wert per se nicht etwas Gutes oder Schlechtes bedeutet. Entscheidend ist, zu welchen kurz-, mittel- oder langfristigen positiven und/oder negativen Konsequenzen die jeweilige Ausprägung bei Ihnen führt.

Verhalten					
1. Ich weiß, was ich im Leben erreichen und mit meinem Leben anfangen will.	1	2	3	4	5
2. Ich habe Bereiche in meinem Leben, in denen ich selbst Entscheidungen treffen kann.	1	2	3	4	5
3. Ich plane meine Zukunft und besonders die Zeit, in der ich mal nicht mehr arbeiten werde.	1	2	3	4	5
4. Ich verändere immer mal wieder etwas in meinem Leben und verlasse dabei meine Komfortzone.	1	2	3	4	5
5. Mir ist bewusst, dass ich das Heft selbst in der Hand halte. Ich bestimme über mein Leben.	1	2	3	4	5
6. Ich kenne meine Stärken.	1	2	3	4	5
7. Ich tue Dinge, in denen ich meine Stärken einsetzen kann und die mir somit entsprechen.	1	2	3	4	5
8. Ich weiß, was mir wirklich Spaß macht.	1	2	3	4	5
9. Ich tue regelmäßig Dinge, die mir Spaß machen und bei denen ich gleichzeitig Energie tanke.	1	2	3	4	5
10. Ich mache auch mal nichts, faulenze, gebe mich Tagträumereien hin und lege mein Smartphone zur Seite.	1	2	3	4	5
11. Ich stelle mich immer mal wieder einer neuen Herausforderung, auch wenn es erst einmal unangenehm ist.	1	2	3	4	5

12. Ich lasse andere Menschen meinen Selbstwert nicht mit Füßen treten.	1	2	3	4	5
13. Ich kenne auch meine Schwächen, kann sie erst einmal akzeptieren und auch über sie schmunzeln.	1	2	3	4	5
14. Ich mache mir regelmäßig bewusst, was ich schon alles im Leben erreicht habe.	1	2	3	4	5
15. Ich suche bei Rückschlägen und Misserfolgen zwar auch, aber nicht nur die Schuld bei mir.	1	2	3	4	5
16. Ich habe sehr enge Bindungen zu ein paar für mich besonderen und wichtigen Menschen.	1	2	3	4	5
17. Ich pflege die Beziehungen zu den mir besonders wichtigen Menschen.	1	2	3	4	5
18. Wenn es mir mal nicht gut geht, lasse ich mir von anderen Menschen helfen.	1	2	3	4	5
19. Ich unterstütze immer wieder Menschen, denen es nicht gut geht, egal ob ich sie kenne oder nicht.	1	2	3	4	5
20. Ich kann auch mal für mich alleine sein und mich dabei wohlfühlen.	1	2	3	4	5
21. Ich sehe einen Sinn im Leben und habe etwas, für das es sich lohnt zu leben.	1	2	3	4	5
22. Ich sehe einen Sinn in meiner Arbeit.	1	2	3	4	5
23. Ich sehe und akzeptiere, dass Menschen und unsere Welt insgesamt einfach nicht perfekt sind.	1	2	3	4	5
24. Ich kümmere mich in einer ausgewogenen Art und Weise um meine Grundbedürfnisse.	1	2	3	4	5
25. Ich mache mir immer wieder bewusst, dass man nicht jedes Problem gleich lösen kann, und dass das Leben auch aus schweren Momenten besteht.	1	2	3	4	5

Auswertung

Wenn Sie den Fragebogen ausgefüllt haben, werten Sie diesen bitte mithilfe der folgenden Tabelle aus. Sie ermöglicht es Ihnen, Ihren Gesamtwert auf den 5 bedürfnisbezogenen Skalen zu bestimmen. Sie berechnen ihn, indem Sie die einzelnen Werte addieren. Wenn Sie zum Beispiel Frage 1 mit 1, Frage 2 mit 5 und Fragen 3 bis 5 jeweils mit 4 angekreuzt haben, ergibt sich für Sie ein Gesamtwert von $1 + 5 + 4 + 4 + 4 = 18$ für das Bedürfnis nach Orientierung und Kontrolle. Die so ermittelten Werte liegen also immer zwischen 5 (Minimalwert, bei allen fünf Aussagen wurde eine 1 angekreuzt) und 25 (Maximalwert, bei allen fünf Aussagen wurde eine 5 angekreuzt).

Bedürfnisbezogenes Verhalten	Addieren Sie die Werte der folgenden Fragen	Gesamtwert
Orientierung & Kontrolle	1 + 2 + 3 + 4 + 5	=
Lustgewinn & Unlustvermeidung	6 + 7 + 8 + 9 + 10	=
Selbstwerterhöhung & Selbstwertschutz	11 + 12 + 13 + 14 + 15	=
Bindung	16 + 17 + 18 + 19 + 20	=
Kohärenz	21 + 22 + 23 + 24 + 25	=
Gesamtwert in diesem Fragebogen		=

Interpretation Ihrer Ergebnisse

Die mithilfe dieses Fragebogens ermittelten Werte geben Ihnen eine Einschätzung, welche der vorgeschlagenen Verhaltensweisen Sie in Bezug auf das jeweilige Grundbedürfnis zeigen. Je niedriger Ihr Wert für das jeweilige Bedürfnis, desto weniger stark ist Ihr Verhalten ausgeprägt. Achtung: Auch dies heißt per se nicht etwas Schlechtes! Gegebenenfalls bedienen Sie dieses Bedürfnis mit anderen Verhaltensweisen.

Ihr Gesamtwert kann zwischen 25 und 125 liegen. Je höher er ist, desto mehr der vorgestellten Verhaltensweisen zeigen Sie, was sich auch emotional positiv in Ihrem Leben bemerkbar machen sollte. Dies heißt nicht automatisch, dass es Menschen mit einem niedrigen Gesamtwert nicht gut geht. Sollten Sie aber davon beeinträchtigt werden, finden Sie dort, wo Sie niedrige Zahlen angekreuzt haben, Ansatzpunkte dafür, was Sie verändern könnten. Wenn Sie beispielsweise die Aussage »Ich lasse andere Menschen meinen Selbstwert nicht mit Füßen treten« mit einer 1 oder 2 beurteilt haben, könnte darin auch der Grund liegen, warum es Ihnen gerade nicht so gut geht. Ihr Bedürfnis nach Selbstwerterhöhung und Selbstwertschutz wird in Mitleidenschaft gezogen und so sollten Sie an dieser Situation etwas ändern.

Hier finden Sie vier **Reflexionsfragen,** die Sie idealerweise schriftlich für sich beantworten und die Ihnen erlauben werden, erste Schlussfolgerungen zu ziehen.

Frage 1: Bei welchen Bedürfnissen haben Sie hohe und bei welchen eher niedrige Werte?

Frage 2: Wie machen sich diese Werte in Ihrem Leben positiv bemerkbar? Schildern Sie eine oder zwei Beispielsituationen.

Frage 3: Wie machen sich diese Werte in Ihrem Leben negativ bemerkbar? Schildern Sie eine oder zwei Beispielsituationen.

Frage 4: Lesen Sie sich Ihre Antworten noch einmal in Ruhe durch und schreiben Sie sich ein paar Maßnahmen auf, die Sie für sinnvoll erachten. Gehen Sie gerne noch einmal die 25 Aussagen des Fragebogens durch und schauen Sie, wo Sie niedrige Zahlen angekreuzt haben. Vielleicht steckt darin schon ein erster Lösungsansatz.

Analyse-Tool 7:
Emotionales Führungsverhalten

Die folgenden Fragebögen beziehen sich auf emotionales Führungsverhalten. Dies heißt, es geht um Verhaltensweisen, die einen direkten Einfluss auf eines der psychologischen Grundbedürfnisse haben. Ein Teil davon lag auch der Studie »Führung, Gesundheit und Resilienz« zugrunde und Ihren emotionalen Führungsstil können Sie damit schnell einschätzen.

Als Erstes finden Sie einen Fragebogen zur Selbsteinschätzung, mithilfe des zweiten können Sie sich Feedbacks von Ihren Mitarbeitern einholen. Achten Sie dabei bitte darauf, diese Befragung auf freiwilliger Basis und anonym durchzuführen. Händigen Sie den Mitarbeitern einen frankierten und an Sie adressierten Briefumschlag aus oder stellen Sie eine Box im Büro auf, in die die Mitarbeiter ihren Bogen werfen können, und gewährleisten Sie so die Anonymität. Achten Sie auch darauf, eine Deadline zu kommunizieren. Ebenso sollten Sie, sofern Sie in einem größeren Unternehmen arbeiten, darauf achten, die Personalabteilung zu informieren. In manchen Fällen sind solche Befragungen nämlich mitbestimmungspflichtig, müssen also durch den Betriebsrat genehmigt werden.

Fragebogen zur Selbsteinschätzung

Zur Vorgehensweise siehe S. 186 (Analyse-Tool 1, Selbsteinschätzung)

Personenbeschreibung

1. Ich nehme mir auch mal Zeit für ein persönliches Gespräch mit meinen Mitarbeitern.	1	2	3	4	5
2. Ich lobe meine Mitarbeiter für gute Arbeit.	1	2	3	4	5
3. Mich interessiert auch die Person, der Mensch hinter dem Mitarbeiter.	1	2	3	4	5
4. Ich sorge für eine angenehme und entspannte Atmosphäre in meiner Abteilung.	1	2	3	4	5
5. Wenn ich mit meinen Mitarbeitern spreche, bin ich ganz bei der Sache und nicht in Gedanken schon woanders.	1	2	3	4	5
6. Ich zeige eine gute Balance zwischen Gewissenhaftigkeit und »auch mal fünf gerade sein lassen«.	1	2	3	4	5
7. Ich gebe meinen Mitarbeitern das Gefühl, wichtig für das Gesamtunternehmen zu sein.	1	2	3	4	5
8. Ich vermittle meinen Mitarbeitern die Sinnhaftigkeit ihrer Arbeit.	1	2	3	4	5
9. Ich erkläre nachvollziehbar auch komplexe oder unpopuläre Unternehmensentscheidungen.	1	2	3	4	5
10. Ich bin selbst stolz, für das Unternehmen zu arbeiten.	1	2	3	4	5
11. Ich betone, dass wir ein starkes Team sind.	1	2	3	4	5
12 Ich zeige, dass ich stolz auf uns als Team bin, wenn etwas gut gelaufen ist.	1	2	3	4	5
13. Da, wo es sinnvoll ist, lasse ich meine Mitarbeiter eigene Entscheidungen treffen.	1	2	3	4	5
14. Meine Mitarbeiter wissen, was ich von ihnen erwarte.	1	2	3	4	5
15. Ich gebe meinen Mitarbeitern die Möglichkeit, ihre Arbeitsabläufe selbstständig zu gestalten.	1	2	3	4	5

Fragebogen zur Fremdeinschätzung

Zur Vorgehensweise siehe S. 190 (Analyse-Tool 1, Fremdeinschätzung)

Personenbeschreibung					
1. Meine Führungskraft nimmt sich auch mal Zeit für ein persönliches Gespräch mit mir.	1	2	3	4	5
2. Meine Führungskraft lobt mich für gute Arbeit.	1	2	3	4	5
3. Meine Führungskraft interessiert sich auch für mich als Person und nicht nur als Mitarbeiter.	1	2	3	4	5
4. Meine Führungskraft sorgt für eine angenehme und entspannte Atmosphäre.	1	2	3	4	5
5. Wenn ich mit meiner Führungskraft spreche, habe ich das Gefühl, dass sie ganz bei der Sache und nicht in Gedanken schon woanders ist.	1	2	3	4	5
6. Meine Führungskraft zeigt eine gute Balance zwischen Gewissenhaftigkeit und »auch mal fünf gerade sein lassen«.	1	2	3	4	5
7. Meine Führungskraft gibt mir das Gefühl, wichtig für das Gesamtunternehmen zu sein.	1	2	3	4	5
8. Meine Führungskraft vermittelt mir die Sinnhaftigkeit meiner Arbeit.	1	2	3	4	5
9. Meine Führungskraft erklärt nachvollziehbar auch komplexe oder unpopuläre Unternehmensentscheidungen.	1	2	3	4	5
10. Meine Führungskraft ist selbst stolz, für das Unternehmen zu arbeiten.	1	2	3	4	5

11. Meine Führungskraft betont, dass wir ein starkes Team sind.	1	2	3	4	5
12. Meine Führungskraft zeigt, dass sie stolz auf uns als Team ist, wenn etwas gut gelaufen ist.	1	2	3	4	5
13. Meine Führungskraft lässt mich auch eigene Entscheidungen treffen, wo dies sinnvoll ist.	1	2	3	4	5
14. Ich weiß, was meine Führungskraft von mir erwartet.	1	2	3	4	5
15. Meine Führungskraft gibt mir die Möglichkeit, meine Arbeitsabläufe selbstständig zu gestalten.	1	2	3	4	5

Auswertung

Selbsteinschätzung

Diese Tabelle ermöglicht es Ihnen, Ihren Gesamtwert auf den 5 bedürfnisbezogenen Skalen zu bestimmen. Sie berechnen ihn, indem Sie die einzelnen Werte addieren. Wenn Sie zum Beispiel Frage 1 mit 2, Frage 2 mit 2 und Frage 3 mit 3 angekreuzt haben, ergibt sich für Sie ein Gesamtwert von 2 + 2 + 3 = 7 auf der Dimension *Selbstwerterhöhung und Selbstwertschutz*. Die so ermittelten Werte liegen also immer zwischen 3 (Minimalwert, bei allen drei Aussagen wurde eine 1 angekreuzt) und 15 (Maximalwert, bei allen drei Aussagen wurde eine 5 angekreuzt).

Der Gesamtwert für *emotionale Führung* liegt immer zwischen 15 (niedrigster möglicher Wert) und 75 (höchster möglicher Wert).

Bedürfnis	Addieren Sie die Werte der folgenden Fragen	Gesamtwert
Selbstwerterhöhung & Selbstwertschutz	1 + 2 + 3	=
Lustgewinn & Unlustvermeidung	4 + 5 + 6	=
Kohärenz, Stimmigkeit, Sinn	7 + 8 + 9	=
Bindung	10 + 11 + 12	=
Orientierung & Kontrolle	13 + 14 + 15	=
Gesamtwert emotionales Führungsverhalten (Summe aller Werte)		= /75*

* Maximalwert

Fremdeinschätzung

Bei der Fremdeinschätzung gehen Sie genauso vor. Werten Sie zunächst alle Fragebögen einzeln aus. Wenn zehn Personen einen Fragebogen ausgefüllt haben, liegen für jede der fünf Dimensionen zehn Werte vor. Diese zehn addieren Sie und teilen den Wert anschließend durch die Anzahl der Fragebögen (hier: 10). Diesen Mittelwert können Sie dann mit Ihrer Selbsteinschätzung vergleichen.

Noch ein Hinweis: Sollte einer der Feedback-Geber eine Frage ausgelassen haben, können Sie die dazugehörige Dimension nicht auswerten. Die anderen aber schon, sofern dort alle Fragen beantwortet wurden.

Interpretation Ihrer Ergebnisse

Persönliche Interpretation

Tragen Sie auf den jeweiligen Skalen den Wert aus Ihrer Selbsteinschätzung und den Mittelwert aus allen Fremdeinschätzungen ein. So sehen Sie auf einen Blick, auf welchen Skalen es eine hohe Übereinstimmung zwischen Ihrem Selbst und Ihrem Fremdbild gibt. Benutzen Sie für die Ergebnisse aus Selbst- und Fremdbild idealerweise unterschiedliche Farben bzw. Symbole (z. B. einen Kreis für Ihre Werte aus dem Selbstbild und ein Kreuz für Ihre Werte aus dem Fremdbild).

Dimension	Ihre Werte												
Selbstwerterhöhung	3	4	5	6	7	8	9	10	11	12	13	14	15
Lustgewinn	3	4	5	6	7	8	9	10	11	12	13	14	15
Kohärenz, Stimmigkeit, Sinn	3	4	5	6	7	8	9	10	11	12	13	14	15
Bindung	3	4	5	6	7	8	9	10	11	12	13	14	15
Orientierung & Kontrolle	3	4	5	6	7	8	9	10	11	12	13	14	15
Gesamtwert	15	20	25	30	35	40	45	50	55	60	65	70	75

Die so ermittelten Werte erlauben eine erste Einschätzung, ob Sie in Bezug auf das jeweilige Bedürfnis ein emotionales Führungsverhalten zeigen.

Ihre Werte werden, wie im obigen Beispiel erwähnt, immer zwischen 3 und 15 liegen. Ist dies nicht der Fall, haben Sie sich verrechnet. Ihre Werte sagen zusammenfassend Folgendes aus:

- Wenn Sie einen **eher niedrigen Wert** (3-6) auf einer Dimension haben, zeigen Sie bezogen auf dieses Bedürfnis selten ein emotionales Führungsverhalten.
- Wenn Sie einen **eher hohen Wert** (12-15) auf einer Dimension haben, zeigen Sie bezogen auf dieses Bedürfnis häufig ein emotionales Führungsverhalten.
- Wenn Sie einen **mittleren Wert** (7-11) auf einer Dimension haben, zeigen Sie bezogen auf dieses Bedürfnis immer

mal wieder, aber nicht durchgehend ein emotionales Führungsverhalten.

Ähnliches gilt für den ermittelten Gesamtwert im Bereich emotionale Führung. Je höher dieser Wert auf der Skala zwischen 15 und 75 liegt, desto mehr emotionales Führungsverhalten zeigen Sie. Zieht man noch einmal die Ergebnisse unserer Studie »Führung, Gesundheit und Resilienz« heran, heißt dies, dass Personen mit hohen Werten von ihren Mitarbeitern mit einer deutlich höheren Wahrscheinlichkeit als eine »gute Führungskraft« eingeschätzt werden als Personen mit niedrigen Werten. Ebenso kann geschlussfolgert werden, dass die Mitarbeiter der erstgenannten Führungskräfte wahrscheinlich emotional weniger erschöpft und weniger zynisch sind. Sie haben auch eher das Gefühl, effektiv zu sein, und sollten insgesamt zufriedener sein als Mitarbeiter von Führungskräften, die einen eher niedrigen Gesamtwert haben. Achten Sie dabei bitte darauf, dass dies eine Statistik ist, was nichts anderes heißt, als dass es durchaus Abweichungen geben kann. Die Wahrscheinlichkeit, dass dies eintritt, ist aber aufgrund der hohen ermittelten Zusammenhänge zwischen den Variablen nicht sehr groß.

Nun kommt der wichtigste Schritt: die Interpretation Ihrer Ergebnisse. Er erlaubt Ihnen, Ihre Stärken herauszuarbeiten und gleichzeitig Entwicklungsfelder zu identifizieren. Darüber hinaus helfen Ihnen die weiter unten aufgeführten Fragen, erste Lösungsansätze zu ermitteln, wenn Sie an einzelnen Punkten in einen persönlichen Entwicklungsprozess einsteigen möchten. Ein professioneller Coach würde nichts anderes machen, er würde Ihnen Ihre Ergebnisse in dem Test zeigen und dann fragen, wie sich die Werte in Ihrem Führungsalltag bemerkbar machen und welche ersten Ideen Sie haben, um daran zu arbeiten.

Hier vier **Reflexionsfragen**, die Sie idealerweise schriftlich für sich beantworten. Da Sie bei den Fragen aufgefordert werden, sich eine Dimension nach der anderen anzuschauen, können Sie die Fragen natürlich so häufig wie gewünscht wieder von vorne durchgehen.

Frage 1: Welche Dimension möchten Sie sich jetzt genauer anschauen? Welchen Wert haben Sie dort?

Frage 2: Wie macht sich der Wert in Ihrem Führungsalltag im Positiven bemerkbar? Schildern Sie eine Beispielsituation.

Frage 3: Wie macht sich der Wert in Ihrem Führungsalltag im Negativen bemerkbar? Schildern Sie eine Beispielsituation.

Frage 4: Lesen Sie sich Ihre Antworten noch einmal in Ruhe durch. Schreiben Sie pro Wert eine und nur eine Maßnahme auf, von der Sie sagen, es wäre sinnvoll, dies in Zukunft zu tun, um sich persönlich weiterzuentwickeln. Schauen Sie sich dafür auch gerne noch einmal die Bewertungen der einzelnen Fragen an, die sich auf die Dimension beziehen. Vielleicht stecken darin Lösungsmöglichkeiten (z. B. niedriger Wert bei der Aussage »Meine Führungskraft lobt mich für gute Arbeit« führt zur Verhaltensänderung »Ich will bewusster darauf achten, wenn meine Mitarbeiter einen guten Job gemacht haben und dies entsprechend anerkennen.«).

Interpretation mit Ihrem Team

Wenn Sie es sich zutrauen, können Sie auch in einen Dialog mit Ihrem Team treten. In jedem Fall sollten Sie dem Team schriftlich oder mündlich mitteilen, was bei der Befragung herausgekommen ist. Damit vermeiden Sie das bekannte »Schwarze-Loch-Phänomen« (»Ich gebe ein Feedback und dann passiert gar nichts mehr«), das viele Mitarbeiter ärgert und frustriert. Gehen Sie dabei bitte folgendermaßen vor:

1. Setzen Sie ein ein- bis zweistündiges Meeting mit dem gesamten Team an und kündigen Sie im Vorfeld an, dass Sie die Ergebnisse aus der Befragung zeigen werden und diese mit dem Team diskutieren möchten.

2. Visualisieren Sie die Ergebnisse, so wie Sie es für richtig halten. Nutzen Sie z. B. Powerpoint und/oder drucken Sie die (grafisch aufbereiteten) Ergebnisse aus, damit alle Mitarbeiter sie ständig vor Augen haben können.

3. Zeigen Sie bitte nur Mittelwerte und keine Einzelbeurteilungen von Mitarbeitern, die ihren Namen auf den Fragebogen geschrieben haben.

4. Betonen Sie zu Beginn, dass Ihnen eine offene, wertschätzende und ehrliche Diskussion wichtig ist und auch Kritik geäußert werden soll.

5. Führen Sie, nachdem Sie die Ergebnisse gezeigt haben, eine Diskussion mit den Mitarbeitern. Diese wird selten sofort losgehen, da sich hier viele Menschen gerne erst einmal bedeckt halten. Entsprechend können folgende Leitfragen helfen, eine Diskussion in Gang zu bringen:

   a. Welche Gedanken gehen Ihnen spontan zu den Ergebnissen durch den Kopf (Achtung: Schweigen erst einmal aushalten!)?

   b. Welche Ergebnisse überraschen Sie?

   c. Was mache ich aus Ihrer Sicht im Bereich Führung gut und wie spiegelt sich das in den Ergebnissen wider?

   d. Was wünschen Sie sich noch und wie spiegelt sich das in den Ergebnissen wider?

   e. Welche Dinge kann ich außerdem noch ändern bzw. sollte ich beibehalten, die durch die Ergebnisse nicht widergespiegelt werden?

6. **Ganz wichtig**: Achten Sie bitte durchgehend darauf, sich während dieses Meetings nicht zu rechtfertigen. Seien Sie achtsam, nehmen Sie das Feedback auf und lassen Sie es

erst einmal sacken. Sie sollten erst zu einem späteren Zeitpunkt (ca. eine Woche später), wenn Sie alles »verdaut« haben, Ihr Resümee an das Team kommunizieren. Dies kann dann so aussehen, dass Sie dem Team sagen, was Sie ändern möchten, aber durchaus auch, was Sie *nicht* ändern werden. Ganz einfach, weil es Ihr Stil ist oder weil es aufgrund externer Umstände nicht geht. Auch Mitarbeiter haben manchmal eine verquere Sicht darauf, wie Dinge zu sein haben und sein sollten, und diese Sichtweise muss man dann eben, bitte immer möglichst wertschätzend, geraderücken. Auch das gibt den Mitarbeitern Orientierung.

7. Sollten Sie heftige Kritik bzw. starke Konflikte bei dem Meeting erwarten oder sich ganz grundsätzlich, vielleicht aufgrund Ihrer Unerfahrenheit, noch nicht in der Lage fühlen, das Gespräch alleine durchzuführen, suchen Sie sich einen Moderator. Es ist vollkommen in Ordnung, sich Unterstützung zu holen. Häufig handelt es sich um Mitarbeiter aus der Personalabteilung oder externe Berater, die Sie dann in der Regel durch die Personalabteilung vermittelt bekommen.

Analyse-Tool 8:
Der »Google-Fragebogen«

Diese beiden Fragebögen, wiederum für Sie und Ihre Mitarbeiter, erlauben Ihnen eine Einschätzung Ihres Führungsverhaltens auf der Basis der weiter vorne dargestellten Führungsprinzipien von Google. Dieses Verfahren können und sollten Sie vor allem dann anwenden, wenn Sie dieser Führungsstil anspricht und auch gut zur Kultur Ihres eigenen Unternehmens bzw. zu der Kultur passt, die Sie in Ihrem Bereich haben wollen. Bitte beachten Sie, dass es sich um keine direkt von Google stammenden Fragebögen handelt. Sie wurden auf der Basis der durch das Unternehmen öffentlich gemachten Führungsgrundsätze konstruiert.

Achten Sie dabei bitte auch hier darauf, diese Befragung auf freiwilliger Basis und anonym durchzuführen und ggf. die Personalabteilung zu informieren (zur Vorgehensweise siehe S. 228).

Fragebogen zur Selbsteinschätzung

Zur Vorgehensweise siehe S. 186 (Analyse-Tool 1, Selbsteinschätzung)

Personenbeschreibung					
1. Ich gebe meinen Mitarbeitern spezifisches, konstruktives Feedback und finde ein gutes Gleichgewicht zwischen Negativem und Positivem.	1	2	3	4	5
2. Ich führe regelmäßig Einzelgespräche mit meinen Mitarbeitern, in denen ich Lösungen für Probleme präsentiere, die zu den speziellen Stärken des Mitarbeiters passen.	1	2	3	4	5
3. Ich finde ein gutes Gleichgewicht zwischen den Freiheiten, die ich meinen Mitarbeitern gebe, und meiner Präsenz, um sie zu unterstützen.	1	2	3	4	5
4. Ich setze meinem Team herausfordernde Ziele, damit es große Probleme bewältigen kann.	1	2	3	4	5
5. Ich kenne meine Mitarbeiter als Menschen, die auch ein Leben außerhalb der Arbeit haben.	1	2	3	4	5
6. Ich sorge dafür, dass sich neue Teammitglieder willkommen fühlen, und unterstütze ihre Eingliederung in mein Team.	1	2	3	4	5

7. Ich fokussiere auf das, was die Mitarbeiter als Team erreichen wollen und wie sie einen Beitrag zu diesem Teamerfolg leisten können.	1	2	3	4	5
8. Ich unterstütze das Team dabei, Prioritäten zu setzen, und nutze meine höhere Position, um Hindernisse aus dem Weg zu räumen.	1	2	3	4	5
9. Ich weiß, dass Kommunikation immer in zwei Richtungen stattfindet: Ich höre zu und gebe Informationen.	1	2	3	4	5
10. Ich organisiere Meetings mit der gesamten Mannschaft und kommuniziere klar meine Nachrichten und Ziele. Ich unterstütze damit das Team dabei, Probleme eigenständig zu lösen.	1	2	3	4	5
11. Ich ermutige die Mitarbeiter zu einem offenen Dialog und höre mir ihre Sorgen und Bedenken an.	1	2	3	4	5
12 Ich unterstütze meine Mitarbeiter bei ihrer Karriere.	1	2	3	4	5
13. Ich fokussiere das Team auch im schlimmsten Sturm auf die Ziele und die Strategie.	1	2	3	4	5
14. Ich binde das Team in die Erarbeitung, Weiterentwicklung und Umsetzung der Teamstrategie mit ein.	1	2	3	4	5
15. Ich krempte die Ärmel hoch und bin an der Seite meines Teams, wenn dies notwendig ist.	1	2	3	4	5
16. Ich erkenne die besonderen Herausforderungen der Arbeit.	1	2	3	4	5

Fragebogen zur Fremdeinschätzung

Zur Vorgehensweise siehe S. 190 (Analyse-Tool 1, Fremdeinschätzung)

Personenbeschreibung					
1. Meine Führungskraft gibt mir spezifisches, konstruktives Feedback und findet ein gutes Gleichgewicht zwischen Negativem und Positivem.	1	2	3	4	5
2. Ich habe regelmäßig Einzelgespräche mit meiner Führungskraft, in denen sie mir Lösungen für Probleme präsentiert, die zu meinen speziellen Stärken passen.	1	2	3	4	5
3. Meine Führungskraft findet ein gutes Gleichgewicht zwischen den Freiheiten, die sie mir lässt, und ihrer Präsenz, um mich zu unterstützen.	1	2	3	4	5
4. Meine Führungskraft setzt unserem Team herausfordernde Ziele, damit wir große Probleme bewältigen können.	1	2	3	4	5
5. Meine Führungskraft kennt mich auch als Menschen, der ein Leben außerhalb der Arbeit hat.	1	2	3	4	5
6. Meine Führungskraft sorgt dafür, dass sich neue Teammitglieder willkommen fühlen, und unterstützt deren Eingliederung in unser Team.	1	2	3	4	5
7. Meine Führungskraft fokussiert auf das, was wir Mitarbeiter als Team erreichen wollen und wie wir einen Beitrag zu diesem Teamerfolg leisten können.	1	2	3	4	5
8. Meine Führungskraft unterstützt das Team dabei, Prioritäten zu setzen, und nutzt ihre höhere Position, um Hindernisse aus dem Weg zu räumen.	1	2	3	4	5
9. Meine Führungskraft weiß, dass Kommunikation immer in zwei Richtungen stattfindet: Sie hört zu und gibt Informationen weiter.	1	2	3	4	5
10. Meine Führungskraft organisiert Meetings mit der gesamten Mannschaft und kommuniziert klar ihre Nachrichten und Ziele. Sie unterstützt damit das Team dabei, Probleme eigenständig zu lösen.	1	2	3	4	5
11. Meine Führungskraft ermutigt mich zu einem offenen Dialog und hört sich meine Sorgen und Bedenken an.	1	2	3	4	5

12 Meine Führungskraft unterstützt mich bei meiner Karriere.	1	2	3	4	5
13. Meine Führungskraft fokussiert das Team auch im schlimmsten Sturm auf die Ziele und die Strategie.	1	2	3	4	5
14. Meine Führungskraft bindet das Team in die Erarbeitung, Weiterentwicklung und Umsetzung der Teamstrategie mit ein.	1	2	3	4	5
15. Meine Führungskraft krempelt die Ärmel hoch und ist an der Seite unseres Teams, wenn dies notwendig ist.	1	2	3	4	5
16. Meine Führungskraft versteht die besonderen Herausforderungen der Arbeit.	1	2	3	4	5

Auswertung

Selbsteinschätzung

Diese Tabelle ermöglicht es Ihnen, Ihren Gesamtwert für die 8 Führungsleitlinien von Google (siehe S. 143 f.) zu bestimmen. Sie berechnen ihn, indem Sie die einzelnen Werte addieren. Sie finden die zugehörigen Fragen in der zweiten Spalte der Auswertungstabelle. In der dritten Spalte, in der Sie Ihre Ergebnisse eintragen, steht außerdem die niedrigste und höchste Punktzahl, die Sie bei der Leitlinie erreichen können. Wenn Sie alle Werte ermittelt haben, können Sie den Gesamtwert berechnen. Dieser gibt Ihnen einen Eindruck, wie gut Sie aus Ihrer Sicht derzeit die Führungsgrundsätze von Google umsetzen.

Bedürfnis	Addieren Sie die Werte der folgenden Fragen	Gesamtwert
Leitlinie 1: Sei ein guter Coach	1 + 2	= /2-10
Leitlinie 2: »Empower«/stärke dein Team und betreibe kein »Mikromanagement«	3 + 4	= /2-10
Leitlinie 3: Zeige Interesse am Erfolg und am persönlichen Wohlergehen deiner Mitarbeiter	5 + 6	= /2-10
Leitlinie 4: Sei keine Sissy, sondern produktiv und ergebnisorientiert	7 + 8	= /2-10
Leitlinie 5: Sei ein guter Kommunikator und höre deinem Team zu	9 + 10 + 11	= /3-15
Leitlinie 6: Unterstütze deine Mitarbeiter bei ihrer Karriere	12	= /1-5
Leitlinie 7: Habe eine klare Vision und Strategie für das Team	13 + 14	= /2-10
Leitlinie 8: Verfüge über zentrale fachliche Fähigkeiten, damit du das Team unterstützen und beraten kannst	15 + 16	= /2-10
Gesamtwert »Google-Führungsverhalten« (Summe aller Werte)		= /16-80*

* 16 = Minimal-, 80 = Maximalwert

Fremdeinschätzung

Bei der Fremdeinschätzung gehen Sie genauso vor. Werten Sie zunächst alle Fragebögen einzeln aus und folgen Sie den Instruktionen von S. 232. Ebenso wie bei der Selbsteinschätzung kann Ihr Gesamtwert zwischen 16 und 80 liegen.

Auch hier gilt: Sollte einer der Feedback-Geber eine Frage ausgelassen haben, können Sie die dazugehörige Leitlinie nicht auswerten. Die anderen aber schon, sofern dort alle Fragen zu der Dimension beantwortet wurden.

Interpretation Ihrer Ergebnisse

Persönliche Interpretation

Visualisieren Sie sich Ihre Werte mit der folgenden Grafik. Benutzen Sie wiederum unterschiedliche Farben für die Selbst- und Fremdeinschätzung (zur Vorgehensweise siehe S. 232 f.).

Google-Leitlinie	Ihre Werte													
Leitlinie 1: Sei ein guter Coach	2	3	4	5	6	7	8	9	10					
Leitlinie 2: »Empower«/ stärke dein Team und betreibe kein »Mikro-management«	2	3	4	5	6	7	8	9	10					
Leitlinie 3: Zeige Interesse am Erfolg und am persönlichen Wohlergehen deiner Mitarbeiter	2	3	4	5	6	7	8	9	10					
Leitlinie 4: Sei keine Sissy, sondern produktiv und ergebnisorientiert	2	3	4	5	6	7	8	9	10					
Leitlinie 5: Sei ein guter Kommunikator und höre deinem Team zu	3	4	5	6	7	8	9	10	11	12	13	14	15	
Leitlinie 6: Unterstütze deine Mitarbeiter bei ihrer Karriere	1	2	3	4	5									

Leitlinie 7: Habe eine klare Vision und Strategie für das Team	2	3	4	5	6	7	8	9	10				
Leitlinie 8: Verfüge über zentrale fachliche Fähigkeiten, damit du das Team unterstützen und beraten kannst	2	3	4	5	6	7	8	9	10				
Gesamtwert	16	21	27	32	37	43	48	53	58	64	69	74	80

Diese Ergebnisse zeigen Ihnen nun erst einmal nicht mehr, aber auch nicht weniger, wie gut Sie nach Ihrer und der Einschätzung Ihrer Mitarbeiter die von Google als zentral erachteten Führungsleitlinien umsetzen. Denken Sie daran, dass diese in der Reihenfolge ihrer Wichtigkeit aufgelistet sind.

Wollen Sie nun die Prinzipien emotionaler Führung mit den Ergebnissen aus diesem Test verbinden, müssen Sie noch einen Schritt weiter gehen, denn Ihre Werte erlauben Ihnen noch keinen direkten Rückschluss darüber, welche Grundbedürfnisse Sie mit Ihrem Führungsverhalten bevorzugt bzw. weniger bedienen. Dies können Sie im nächsten Schritt herausfinden, wenn Sie die Tabelle von Seite 146f. hinzuziehen. Sie werden dabei Grundbedürfnisse herausarbeiten, auf die Sie – warum auch immer – einen besonderen Fokus legen. Wenn Sie insgesamt einen sehr hohen Gesamtwert erzielt haben (zwischen 70 und 80), führen Sie wahrscheinlich schon emotional. Denn die Google-Führungsgrundsätze gehen stark auf die fünf psychologischen Grundbedürfnisse des Menschen ein.

Zur Interpretation Ihrer Ergebnisse finden Sie wieder einige **Reflexionsfragen**, die Sie idealerweise schriftlich für sich beantworten und die Ihnen erlauben, erste Schlussfolgerungen aus den Ergebnissen zu ziehen. Je nachdem, wie viele Leitlinien Sie sich genauer anschauen möchten, gehen Sie die Fragen mehrmals durch.

Frage 1 (nach Abgleich mit der Aufstellung auf Seite 146 f.): Welche Grundbedürfnisse Ihrer Mitarbeiter »bedienen« Sie mit Ihrem Führungsverhalten in besonderer Weise? Welche haben Sie derzeit weniger im Fokus?

Frage 2: Welche Leitlinie möchten Sie sich jetzt genauer anschauen? Welchen Wert haben Sie dort?

Frage 3: Wie macht sich der Wert in Ihrem Führungsalltag im Positiven bemerkbar? Schildern Sie eine Beispielsituation.

Frage 4: Wie macht sich der Wert in Ihrem Führungsalltag im Negativen bemerkbar? Schildern Sie eine Beispielsituation.

Frage 5: Lesen Sie sich Ihre Antworten noch einmal in Ruhe durch. Schreiben Sie pro Wert eine und nur eine Maßnahme auf, die Sie für sinnvoll halten, um sich persönlich weiterzuentwickeln. Schauen Sie sich dazu auch gerne noch einmal die Bewertungen der einzelnen Fragen an, die sich auf die Dimension beziehen. Vielleicht stecken darin auch Lösungsmöglichkeiten (z. B. niedriger Wert bei der Aussage »Meine Führungskraft kennt mich auch als Menschen, der ein Leben außerhalb der Arbeit hat« führt zur Verhaltensänderung »Die Mitarbeiter, die es möchten, will ich noch mehr von ihrer privaten Seite her kennenlernen.«).

Interpretation mit Ihrem Team

Wenn Sie es sich zutrauen, können Sie, einmal die persönliche Auswertung abgeschlossen, auch in einen Dialog mit Ihrem Team treten. Gehen Sie bitte genau so vor, wie es bereits auf Seite 235 ff. beschrieben wurde.

Analyse-Tool 9:
Direkte Selbstreflexion zum emotionalen Führungsstil

Wenn Sie statt Fragebögen lieber direkt Fragen zu Ihrem emo-tionalen Führungsstil bearbeiten, können Sie die folgenden durchgehen. Achten Sie darauf, diese schriftlich zu beantwor-ten und möglichst ehrlich zu sich zu sein. Es geht nicht darum, sich so darzustellen, wie Sie denken sein zu müssen oder gerne wären.

Vielleicht fällt es Ihnen auch schwer, sich einzuschätzen, oder Sie sind sich an der einen oder anderen Stelle unsicher. Wenn Sie einen guten und vertrauensvollen Kontakt zu einigen Mitar-beitern haben und glauben, dass Ihnen diese ein ehrliches Feed-back geben werden, können Sie diesen Mitarbeitern die unten aufgelisteten Fragen stellen (außer der Frage zu den bevorzug-ten Mitarbeitern, bitte). Ich empfehle Ihnen dies mündlich zu tun, während des Gesprächs gut zuzuhören und sich direkt im Anschluss ein paar Notizen zu machen.

Fragen zur Selbstreflexion

Orientierung und Kontrolle

1. Wie gut bin ich darin, meinen Mitarbeitern Orientierung zu geben? Welche Beispielsituationen und typischen persönli-chen Verhaltensweisen kommen mir dazu in den Sinn?
2. Wie gut bin ich darin, meinen Mitarbeitern Kontrolle über ihren Arbeitsbereich zu geben? Welche Beispielsituatio-nen und typischen persönlichen Verhaltensweisen fallen mir dazu ein?
3. Gibt es Mitarbeiter, die ich in Bezug auf diese beiden As-pekte bevorzuge bzw. vernachlässige? Warum ist das so?
4. Was sollte ich auf der Basis dieser Analyse beibehalten,

was sollte ich anders machen und was nehme ich mir entsprechend vor?

Lustgewinn und Unlustvermeidung

1. Wie gut bin ich darin, meinen Mitarbeitern Freude an Ihrer Tätigkeit zu vermitteln? Welche Beispielsituationen und typischen persönlichen Verhaltensweisen kommen mir dazu in den Sinn?
2. Gibt es Mitarbeiter, die ich in Bezug auf dieses Bedürfnis bevorzuge bzw. vernachlässige? Warum ist das so?
3. Was sollte ich auf der Basis dieser Analyse beibehalten, was sollte ich anders machen? Was nehme ich mir entsprechend vor?

Selbstwerterhöhung und Selbstwertschutz

1. Wie gut bin ich darin, den Selbstwert meiner Mitarbeiter zu fördern und zu schützen? Welche Beispielsituationen und typischen persönlichen Verhaltensweisen kommen mir dazu in den Sinn?
2. Gibt es Mitarbeiter, die ich in Bezug auf dieses Bedürfnis bevorzuge bzw. vernachlässige? Warum ist das so?
3. Was sollte ich auf der Basis dieser Analyse beibehalten, was sollte ich anders machen? Was nehme ich mir entsprechend vor?

Bindung

1. Wie gut bin ich darin, meinen Mitarbeitern ein Gefühl der Bindung an das Team und das Unternehmen zu vermitteln? Welche Beispielsituationen und typischen persönlichen Verhaltensweisen kommen mir dazu in den Sinn?
2. Gibt es Mitarbeiter, die ich in Bezug auf dieses Bedürfnis bevorzuge bzw. vernachlässige? Warum ist das so?
3. Was sollte ich auf der Basis dieser Analyse beibehalten,

was sollte ich anders machen? Was nehme ich mir entsprechend vor?

Kohärenz

1. Ist mein Handeln gegenüber meinen Mitarbeitern in sich stimmig und kohärent, agiere ich als Vorbild? Welche Beispielsituationen und typischen persönlichen Verhaltensweisen kommen mir dazu in den Sinn?
2. Gibt es Mitarbeiter, die ich in Bezug auf dieses Bedürfnis bevorzuge bzw. vernachlässige? Warum ist das so?
3. Was sollte ich auf der Basis dieser Analyse beibehalten, was sollte ich anders machen? Was nehme ich mir entsprechend vor?

Wer diese Fragen ehrlich für sich beantwortet, merkt recht schnell, wo seine Stärken liegen und in welchen Bereichen er sich noch weiterentwickeln kann.

Der Mehrzahl der Führungskräfte wird bei der Bearbeitung dieser Fragen bewusst, dass sie manche Mitarbeiter nicht nur in Bezug auf ein Grundbedürfnis vernachlässigen bzw. bevorzugen. Das muss kein böser Wille sein, sondern kann daran liegen, dass der jeweilige Mitarbeiter dieses »Mehr an emotionaler Führung« aufgrund seiner Person oder der spezifischen Situation, in der er gerade ist, ganz einfach benötigt (siehe auch situatives Führen). Es kann sich aber auch um Mitarbeiter handeln, die einem nicht so sympathisch sind und daher in einer gewissen Weise ignoriert werden.

Dank

Mein besonderer Dank gilt zwei Menschen: Daniel Nischk, der mich auf das Buch ›Neuropsychotherapie‹ aufmerksam gemacht hat und, in ganz besonderer Weise, dem viel zu früh verstorbenen Klaus Grawe. Er hat uns mit dem eben genannten Buch ein noch wenig bekanntes und eindrucksvolles Werk hinterlassen.

Literaturverzeichnis

Bücher und wissenschaftliche Studien

Adler, A. (1926): Die Individualpsychologie, ihre Bedeutung für die Behandlung der Nervosität, für die Erziehung und für die Weltanschauung. Scientia.

Adler, A. (2001): Der Sinn des Lebens. Frankfurt am Main: S. Fischer.

Adler, A. (2001): Menschenkenntnis. Frankfurt am Main: S. Fischer.

Adler, A. (2001): Praxis und Theorie der Individualpsychologie. Frankfurt am Main: S. Fischer.

Ainsworth, M./M. Blehar/E. Waters (1978). Patterns of Attachment: A Psychological Study of the Strange Situation. Hillsdale, NJ: Erlbaum.

Amelang, M./D. Bartussek (2001). Differentielle Psychologie und Persönlichkeitsforschung. Stuttgart: Kohlhammer.

Bandura, A. (1977): Self-Efficacy: Toward a Unifying Theory of Behavioral Change. Psychological Review. 84 (2), S. 191-215.

Bandura, A. (1993): Perceived Self-Efficacy in Cognitive Development and Functioning. Educational Psychologist. 28 (2), S. 117-148.

Bandura, A. (1997): Self-Efficacy: The Exercise of Control. New York: Freeman.

Bartholomew, K./Horowitz, L. (1991): Attachment Style Among

Young Adults: A Test of a Four-Category Model. Journal of Personality and Social Psychology, 61, No. 2, S. 226-244.

Baumeister, R./K. Vohs (2004): Handbook of Self-Regulation. New York: Guilford Press.

Beck, A. (1999): Kognitive Therapie der Depression. Weinheim: Beltz.

Blanchard, K./P. Zigarmi/D. Zigarmi (2015): Der Minuten-Manager: Führungsstile. Situationsbezogenes Führen. Reinbek: Rowohlt.

Bock, L. (2015): Work Rules! Insights from Inside Google That Will Transform How You Live and Lead. London: John Murray

Bowlby, J. (1983): Verlust, Trauer und Depression. Frankfurt am Main: S. Fischer.

Bowlby, J. (1988): A Secure Base: Parent-Child Attachment and Healthy Human Development. New York: Basic.

Brandstätter, V./J. Schüler/R. Puca/L. Lozo (2013): Motivation und Emotion. Heidelberg: Springer.

Brown, J. (1993): Motivational Conflict and the Self: The Double-Bind of Low Self-Esteem. In: Baumeister, R. (Hg.): Self-Esteem: The Puzzle of Low Self-Regard, S. 117-130. New York: Plenum Press.

Ciaramicoli, A./K. Ketcham (2001): Der Empathie-Faktor. München: dtv.

Dalai Lama/H. Cutler (2011): Die Regeln des Glücks. Bergisch-Gladbach: Lübbe.

Deci, E./R. Ryan (1985): The General Causality Orientations Scale: Self-Determination in Personality. Journal of Research in Personality, 19, S. 109-134.

DeMonbreun, R./E. Craighead (1977): Distortion of Perception and Recall of positive and Neutral Feedback in Depression. Cognitive Therapy and Research, 1, S. 311-329.

Dreikurs, R. (2005): Grundbegriffe der Individualpsychologie. Stuttgart: Klett-Cotta.

Egloff, B. (2009): Emotionsregulation. In: Brandstätter, V./J. Otto (Hg.): Handbuch der Allgemeinen Psychologie: Motivation und Emotion. Göttingen: Hogrefe.

Ellis, A. (1993): Die rational-emotive Therapie. Das innere Selbstgespräch bei seelischen Problemen und seine Veränderung. München: Pfeiffer.

Ellis, A. (2008): Grundlagen und Methoden der Rational-Emotiven Verhaltenstherapie. Stuttgart: Klett-Cotta.

Epstein, S. (1990): Cognitive-Experiential Self-Theory. In: Pervin, L. (Hg.): Handbook of Personality. Theory and Research, S. 165-192. New York: Guilford.

Epstein S. (1993): Implications of Cognitive-Experiential Self-Theory for Personality and Developmental Psychology. In: Funder, D./R. Parke/C. Tomlinson-Keasy/K. Widaman (Hg.): Studying Lives Through Time: Personality and Development, S. 399-438. Washington DC: American Psychological Association.

Flammer, A. (1990): Erfahrung der eigenen Wirksamkeit. Einführung in die Psychologie der Kontrollmeinung. Bern: Huber.

Fröhlich-Gildhoff, K./M. Rönnau-Böse (2009): Resilienz. München: Ernst Reinhardt.

Fromm, E. (1979): Haben oder Sein. München: dtv.

Fromm E. (2008): Die Furcht vor der Freiheit. München: dtv.

Gerlach, A./D. Mourlane/F. Rist (2004): Public and Private Heart Rate Feedback in Social Phobia: A Manipulation of Anxiety Visibility. Cognitive Behaviour Therapy, 33, S. 36-45.

Goleman, D. (1997): Emotionale Intelligenz. München: dtv.

Goleman, D. (2003): Emotionale Führung. Berlin: Ullstein.

Grawe, K. (2004): Neuropsychotherapie. Göttingen: Hogrefe.

Gray, J. (1982): The Neuropsychology of Anxiety. New York: Oxford University Press.

Gray J./N. McNaughton (1996): The Neuropsychology of Anxiety: A Reprise. In: Hope, D. (Hg.): Nebraska Symposion on Motivation: Perspectives on Anxiety, Panic, and Fear, Vol. 43, S. 61-134. Lincoln: University of Nebraska Press.

Gross, J. (2007): Handbook of Emotion Regulation. New York: Guilford.

Harlow, H. (1972): Das Wesen der Liebe. In: Ewert, O. (Hg.): Entwicklungspsychologie I. Köln: Kiepenheuer & Witsch.

Heckhausen, J./Heckhausen H (2010): Motivation und Handeln. Heidelberg: Springer.

Heilitzer, F. (1977): A Review of Theory and Research on the Assumptions of Miller's Response Competition (Conflicts) Models: Response Gradients. Journal of General Psychology, 97, S. 17-71.

Hiroto, D. (1974): Locus of Control and Learned Helplessness. Journal of Experimental Psychology, 102, S. 187-193.

Hülsheger, U./A. Schewe (2011). On the Costs and Benefits of Emotional Labor: A Meta-Analysis. Journal of Occupational Health Psychology, 16, S. 361-389.

Hülsheger, U./H. Alberts/A. Feinholdt, A./J. Lang (2013). Benefits of Mindfulness at Work: On the Role of Mindfulness in Emotion Regulation, Emotional Exhaustion, and Job satisfaction. Journal of Applied Psychology, 98, S. 310-325.

Hüther, G. (2011): Bedienungsanleitung für ein menschliches Gehirn. Göttingen: Vandenhoeck & Ruprecht.

Hüther, G. (2011): Biologie der Angst. Göttingen: Vandenhoeck & Ruprecht.

Hüther, G. (2011): Was wir sind und was wir sein könnten. Frankfurt am Main: S. Fischer.

Hüther, G./W. Roth/M. von Brück (2010): Damit das Denken Sinn bekommt. Freiburg im Breisgau: Herder.

Kabat-Zinn, J. (2003): Mindfulness-Based Interventions in Context: Past, Present, Future. Clinical Psychology: Science and Practice, 10, S. 144-156.

Kabat-Zinn, J. (2003): Gesund durch Meditation. München: Knaur.

Kahnemann, D. (2011): Schnelles Denken, langsames Denken. München: Siedler.

Kelley, H. (1973): The Process of Causal Attribution, American Psychologist, 28, S. 107-128.

Kriebel, R. (1992): Sprechangst. In: Grohnfeld, M. (Hg.): Handbuch der Sprachtherapie, Bd. 5, Störungen der Redefähigkeit. Berlin: Marhold.

Kubovy, M. (1999): On the Pleasure of Mind. In: Kahnemann D./E. Diener/N. Schwarz (Hg.): Well-Being: The Foundation of Hedonic Psychology, S. 134-154. New York: Russell Sage Foundation.

Lang, P. (1995): The Emotion Probe: Studies of Motivation and Attention. American Psychologist, 50, S. 372-385.

Laucht, M./G. Esser/M. Schmidt (1999): Was wird aus Risikokindern? Ergebnisse der Mannheimer Längsschnittstudie im Überblick. In: Opp, G./M. Fingerle (Hg.): Was Kinder stärkt. Erziehung zwischen Risiko und Resilienz. S. 303-314. München: Ernst Reinhardt.

Lazarus, R. (1991): Emotion and Adaptation. New York: Oxford University Press.

Lazarus, R. (1999): Stress and Emotion. A New Synthesis. London: Free Association Books.

Linden, M./M. Hautzinger (2008): Verhaltenstherapiemanual. Heidelberg: Springer.

Lösel, F./D. Bender (2008): Von generellen Schutzfaktoren zu spezifischen protektiven Prozessen. Konzeptuelle Grundlagen und Ergebnisse der Resilienzforschung. In: Opp, G./M. Fingerle (Hg.): Was Kinder stärkt. Erziehung zwischen Risiko und Resilienz. S. 57-78. München: Ernst Reinhardt.

Luszczynska, A./B. Gutiérrez-Doña/R. Schwarzer (2005): General Self-Efficacy in Various Domains of Human Functioning:

Evidence From Five Countries. International Journal of Psychology, 40(2), S. 80-89.

Maier, S./M. Seligman (1976): Learned Helplessness: Theory and Evidence. Journal of Experimental Psychology: General. 105, S. 459-512.

Malik, F. (2000): Führen, Leisten, Leben. München: DVA.

Margraf, J./S. Schneider (1990): Panik: Angstanfälle und ihre Behandlung. Heidelberg: Springer

Maslow, A. (1943): A Theory of Human Motivation. Psychological Review, 50(4), S. 370–396.

Mourlane, D. (2002): Experimentelle Manipulation der Wahrnehmbarkeit eines Angstsymptoms bei der Sozialen Phobie. Online veröffentlichte Dissertation. Universität Münster.

Mourlane, D. (2012): Resilienz: Die unentdeckte Fähigkeit der wirklich Erfolgreichen. Göttingen: BusinessVillage.

Mourlane, D./D. Hollmann/K. Trumpold (2013): Studie »Führung, Gesundheit und Resilienz«. Bertelsmann-Stiftung und mourlane management consultants (kostenfrei erhältlich über die Bertelsmann-Stiftung oder info@mourlane.com).

Neumann, R./F. Strack (2000): Approach and Avoidance: The Influence or Proprioceptive and Exteroceptive Cues on Encoding of Affective Information. Journal of Personality and Social Psychology, 79, S. 39-48.

Nisbett, R./L. Ross (1980): Human Inference and Shortcoming of Social Judgment. Englewood Cliffs, New York: Prentice Hall.

Ott, U. (2010): Meditation für Skeptiker. München: Knaur.

Pervin, L./D. Cervone/O. John (2005). Persönlichkeitstheorien. Stuttgart: UTB.

Peters, T./Ghadiri, A. (2014): Neuroleadership – Grundlagen, Konzepte, Beispiele: Erkenntnisse der Neurowissenschaften für die Mitarbeiterführung. Wiesbaden: Springer-Gabler.

Peterson, C./M. Seligman (1984): Causal Explanations as a Risk

Factor for Depression: Theory and Evidence. Psychological Review, 91, S. 347-374.

Peterson, C./M. Seligman/G. Vaillant (1988): Pessimistic Explanatory Style Is a Risk Factor for Physical Illness: A Thirty-Five-Year Longitudinal Study. Journal of Personality and Social Psychology, 55, S. 23-37.

Powers, W. (1973): Behavior and the Control of Perception. New York: Aldine.

Rattner, J. (2000): Alfred Adler. Reinbek: Rowohlt.

Reinhardt, R. (2014): Neuroleadership: Empirische Überprüfung und Nutzenpotentiale für die Praxis. Oldenburg: de Gruyter.

Reivich, K./A. Shatté (2002): The Resilience Factor. New York: Broadway Books.

Rutter, M. (1987): Psychological Resilience and Protective Factors. American Journal of Orthopsychiatry. 57, S. 316-331.

Schmidt, S./B. Strauss (1996): Die Bindungstheorie und ihre Relevanz für die Psychotherapie. Teil 1: Grundlagen und Methoden der Bindungsforschung. Psychotherapeut, 41, S. 139-150.

Seligman, M. (1995): The Optimistic Child. New York: Harper.

Seligman, M. (1999): Erlernte Hilflosigkeit. Weinheim: Beltz.

Siegel, D. (2010): Das achtsame Gehirn. Freiburg: Arbor.

Spitz, R. (1985): Hospitalismus I & II. In: Bittner G./E. Harms (Hg.): Erziehung in früher Kindheit. Pädagogische, psychologische und psychoanalytische Texte. München: Piper.

Spitz, R. (2005): Vom Säugling zum Kleinkind. Naturgeschichte der Mutter-Kind-Beziehung im ersten Lebensjahr. Stuttgart: Klett-Cotta.

Sprenger, R. (1998): Das Prinzip Selbstverantwortung. Frankfurt am Main: Campus.

Strauss, B./S. Schmidt (1997): Die Bindungstheorie und ihre Relevanz für die Psychotherapie. Teil 2: Mögliche Implikationen der Bindungstheorie für die Psychotherapie und die Psychosomatik. Psychotherapeut, 42, S. 1-16.

Suomi, S. (1991): Uptight and Laid-Back Monkeys: Individual Differences in Response to Social Challenges. In: Brauth, S./ W. Hall/R. Dooling (Hg.), Plasticity of Development. S. 17-56. Cambridge, MA: MIT Press.

Sweeney, P./K. Anderson/S. Bailey (1986): Attributional Style in Depression: A Meta-Analytic Review. Journal of Personality and Social Psychology, 50, S. 974-991.

Tan, C. (2012): Search Inside Yourself. München: Arkana.

Van den Boom, D./J. Hoeksm a/ W. Koops (1997): Development of Interaction and Attachment: Traditional and Non-Traditional Approaches. Amsterdam: Royal Netherlands Academy.

Wegner, D./J. Pennebaker (Hg.) (1993): Handbook of Mental Control. Englewood Cliffs, New Jersey: Prentice Hall.

Werner, E./R. Smith (1982): Vulnerable But Invincible: A Longitudinal Study of Resilient Children and Youth. New York: McGraw Hill.

Werner, E./R. Smith (2000): Protective Factors and Individual Resilience. In: Shonkoff, J./S. Meisels (Hg.): Handbook of Early Childhood Intervention, S. 115-132. Cambridge: Cambridge University Press.

Werner, E./R. Smith (2001): Journeys From Childhood to Midlife: Risk, Resilience and Recovery. Ithaca, NY: Cornell University Press.

Werner, E. (2005): What Can We Learn About Resilience From Largescale Longitudinal Studies? In Goldstein, S./R. Brooks (Hg.): Handbook of Resilience in Children, S. 91 -106. New York: Kluwer Academic Publishers.

Werner, E./R. Smith (2008): Resilienz. Ein Überblick über internationale Längsschnittstudien. In: Opp, G./M. Fingerle (Hg.): Was Kinder stärkt. Erziehung zwischen Risiko und Resilienz. S. 311-326. München: Ernst Reinhardt.

Youssef, C./M. Carolyn/F. Luthans (2007): Positive Organisational Behavior in the Workplace: The Impact of Hope, Optimism, and Resilience. Journal of Management, 33 (5), S. 774-800.

Zimmerman, B./A. Kisantas (2005): Homework Practices and Academic Achievement: The Mediating Role of Self-Efficacy and Perceived Responsibility Beliefs. Contemporary Educational Psychology, 30, S. 397-417.

Internetquellen

The Eight Most Important Behaviors of Managers at Google. http://www.foghound.com/blog/2011/03/21/the-eight-most-important-behaviors-of-managers-at-google/

Google's Quest to Build a Better Boss. http://www.nytimes.com/2011/03/13/business/13hire.html?_r=2&scp=1&sq=Laszlo%20Bock&st=cse